教/育/部/实/用/型/信/息/技/术/人/才/培/养/系/列/教/材

U0343662

计算机组装与维修技术

王海宾 樊明 张洪东 编著 全国信息技术应用培训教育工程工作组 审定

人民邮电出版社

北京

图书在版编目（ＣＩＰ）数据

计算机组装与维修技术 / 王海宾，樊明，张洪东编
著. -- 北京 ：人民邮电出版社，2013.12（2018.2重印）
教育部实用型信息技术人才培养系列教材
ISBN 978-7-115-33222-6

Ⅰ. ①计… Ⅱ. ①王… ②樊… ③张… Ⅲ. ①电子计
算机－组装－教材②电子计算机－维修－教材 Ⅳ.
①TP30

中国版本图书馆CIP数据核字(2013)第242205号

内 容 提 要

本书以掌握计算机的日常维护和管理为出发点，通过大量的基础知识与实用案例，介绍计算机的组装
与维护技术。

全书共有 11 章，主要介绍计算机的基础知识、计算机主机内部构造、计算机外部设备、计算机组装
的全过程、BIOS 和 CMOS 设置、硬盘的分区与格式化、安装操作系统、操作系统与数据的备份与还原、
组建网络与网络应用、计算机日常维护、常见故障排除。

本书知识点讲解详细、动手操作实例切合日常应用，具有很强的操作性、代表性与专业性。通过本书的
学习，读者能熟练掌握计算机的基础知识，能进行计算机的日常维护，并能快速处理计算机常出现的故障。

本书不仅可以作为高等学校、高职高专院校的教材，也可以作为培训机构的培训教材，同时对计算机
爱好者有很高的参考价值。

◆ 编　著　王海宾　樊　明　张洪东
　　审　定　全国信息技术应用培训教育工程工作组
　　责任编辑　李　莎
　　责任印制　程彦红　杨林杰
◆ 人民邮电出版社出版发行　　北京市丰台区成寿寺路 11 号
　　邮编　100164　电子邮件　315@ptpress.com.cn
　　网址　http://www.ptpress.com.cn
　　固安县铭成印刷有限公司印刷
◆ 开本：787×1092　1/16
　　印张：14.25
　　字数：378 千字　　　　　　　　　　2013 年 12 月第 1 版
　　印数：3 651－3 950 册　　　　　　2018 年 2 月河北第 6 次印刷

定价：32.00 元
读者服务热线：(010)81055410　印装质量热线：(010)81055316
反盗版热线：(010)81055315
广告经营许可证：京东工商广登字 20170147 号

出 版 说 明

　　信息化是当今世界经济和社会发展的大趋势，也是我国产业优化升级和实现工业化、现代化的关键环节。信息产业作为一个新兴的高科技产业，需要大量高素质复合型技术人才。目前，我国信息技术人才的数量和质量远远不能满足经济建设和信息产业发展的需要，人才的缺乏已经成为制约我国信息产业发展和国民经济建设的重要瓶颈。信息技术培训是解决这一问题的有效途径，如何利用现代化教育手段让更多的人接受到信息技术培训是摆在我们面前的一项重大课题。

　　教育部非常重视我国信息技术人才的培养工作，通过对现有教育体制和课程进行信息化改造、支持高校创办示范性软件学院、推广信息技术培训和认证考试等方式，促进信息技术人才的培养工作。经过多年的努力，培养了一批又一批合格的实用型信息技术人才。

　　全国信息技术应用培训教育工程（ITAT教育工程）是教育部于2000年5月启动的一项面向全社会进行实用型信息技术人才培养的教育工程。ITAT教育工程得到了教育部有关领导的肯定，也得到了社会各界人士的关心和支持。通过遍布全国各地的培训基地，ITAT教育工程建立了覆盖全国的教育培训网络，对我国的信息技术人才培养事业起到了极大的推动作用。

　　ITAT教育工程被专家誉为"有教无类"的平民学校，以就业为导向，以大、中专院校学生为主要培训目标，也可以满足职业培训、社区教育的需要。培训课程能够满足广大公众对信息技术应用技能的需求，对普及信息技术应用起到了积极的作用。据不完全统计，在过去12年中共有150余万人次参加了ITAT教育工程提供的各类信息技术培训，其中有近60万人次获得了教育部教育管理信息中心颁发的认证证书。工程为普及信息技术、缓解信息化建设中面临的人才短缺问题做出了一定的贡献。

　　ITAT教育工程聘请来自清华大学、北京大学、人民大学、中央美术学院、北京电影学院、中国传媒大学等单位的信息技术领域的专家组成专家组，规划教学大纲，制订实施方案，指导工程健康、快速地发展。ITAT教育工程以实用型信息技术培训为主要内容，课程实用性强，覆盖面广，更新速度快。目前工程已开设培训课程20余类，共计50余门，并将根据信息技术的发展，继续开设新的课程。

　　本套教材由清华大学出版社、人民邮电出版社、机械工业出版社、北京希望电子出版社等出版发行。根据教材出版计划，全套教材共计60余种，内容将汇集信息技术应用各方面的知识。今后将根据信息技术的发展不断修改、完善、扩充，始终保持追踪信息技术发展的前沿。

　　ITAT教育工程的宗旨是：树立民族IT培训品牌，努力使之成为全国规模最大、系统性最强、质量最好，而且最经济实用的国家级信息技术培训工程，培养出千千万万个实用型信息技术人才，为实现我国信息产业的跨越式发展做出贡献。

全国信息技术应用培训教育工程负责人　**薛玉梅**
系列教材执行主编

编 者 的 话

　　计算机是 20 世纪最伟大的科学技术发明之一，已经对人类的生产活动和社会活动产生了极其重要的影响。现在人们越来越离不开计算机。计算机由很多元器件组成，这些元器件统一协调工作，构成了计算机的强大功能。本书全面介绍了计算机的组装以及日常维护的相关知识。

本书内容及特点

　　本书重点讲解了计算机日常维护的相关知识，自始至终贯彻"学以致用"的思想，在内容上充分考虑到初学者的接受能力和实际需求，将理论学习和动手实践相结合。同时通过大量的实际动手操作，让学习者对计算机维护过程有个鲜明的认识。另外，为了巩固相关的基础知识和动手实践能力，本书在每章后面安排了习题。

　　本书共 11 章，具体内容如下。

　　第 1 章：计算机组装基础知识。主要内容包括计算机的产生/发展、特点、分类、性能指标以及组成结构等。

　　第 2 章：计算机硬件性能详解与选购。主要内容包括 CPU 及其散热器、内存、显卡、声卡、光驱、电源、机箱、硬盘的组成、分类、性能参数及其选购。

　　第 3 章：计算机外部设备详解与选购。主要内容包括显示器、鼠标、键盘、音箱、打印机、扫描仪等设备、性能参数及其选购。

　　第 4 章：计算机组装图解。主要内容包括计算机的装机目标、装机前的准备、组装计算机的最小系统、组装全过程、加电自检以及对计算机的系统检测和性能评价等。

　　第 5 章：BIOS 和 CMOS 设置。主要内容包括 BIOS 和 CMOS 的相关知识，BIOS 的具体设置方法等。

　　第 6 章：硬盘的分区与格式化。主要内容包括硬盘的结构、硬盘的分区、硬盘的格式化等。

　　第 7 章：安装操作系统与驱动程序。主要内容包括安装操作系统前的准备、安装操作系统的全过程以及安装计算机的驱动程序，其中安装操作系统中主要包括 Windows XP 和 Windows 7 的安装全过程。

　　第 8 章：操作系统的备份、还原与数据恢复。主要内容包括对计算机的操作系统进行备份、还原以前操作系统的备份、对删除或者格式化的数据通过相关的手段进行恢复。

　　第 9 章：组建网络与网络应用。主要内容包括计算机网络的分类、网络的分层，以及 TCP/IP 协议、IP 地址、域名系统等，同时包括制作网线、组建局域网、建立局域网内数据的上传下载以及共享打印机等。

　　第 10 章：计算机日常维护。主要内容包括软件的强力卸载、磁盘清理、病毒防护、硬盘数据保护等。

　　第 11 章：计算机常见故障排除。主要内容包括计算机故障检查的一般方法、计算机常见软件故障的诊断与排除、计算机常见硬件故障及处理方案。

读者对象

本书主要面向初级用户，尤其适合喜爱计算机的人员以及相关专业的学生。

本书由王海宾、樊明、张洪东执笔完成。此外，参与本书编写的还有史宇宏、张传记、白春英、陈玉蓉、林永、刘海芹、卢春洁、秦真亮、史小虎、孙爱芳、谭桂爱、唐美灵、王莹、张伟、徐丽、张伟、赵明富、朱仁成、边金良、孙红云、罗云风等人，在此感谢所有关心和支持我们的同行们。由于编者水平有限，书中难免有不妥之处，恳请广大读者批评指正。

我们的联系信箱是 yuhong69310@163.com，欢迎读者来信交流。

编　者

目　　录

第1章

计算机组装基础知识

📖 学习目标

　　了解计算机组装的基本知识以及计算机各个部分的功能。主要内容包括计算机的产生、发展、特点、分类、性能指标以及组成结构等，其中计算机的组成结构包括硬件结构和软件结构两个部分。通过本章学习，更好地掌握计算机的基本构成，为以后学习计算机组装维护打下基础。

📖 学习重点

　　熟悉计算机的性能指标；理解计算机的发展过程；掌握计算机的软硬件体系结构；能识别出主机、主板、内存、硬盘、CPU及散热器、网卡、显卡、光驱、电源等组成模块，并能阐述各个模块的功能。

📖 主要内容

◆　　计算机及其组成
◆　　计算机硬件的组成模块
◆　　计算机辅助设备
◆　　计算机组装的基本步骤

1.1 计算机及其组成结构

在学习计算机组装与维修知识之前，首先要了解什么是计算机以及计算机的组成与结构。

1.1.1 什么是计算机

计算机（Computer）全称电子计算机，又称电脑，它是一种能够按照程序自动、高速运行，能快速对各种数字信息进行算术和逻辑运算的现代化智能电子设备。常见的计算机有台式计算机、笔记本电脑、大型计算机等；较先进的计算机有生物计算机、光子计算机、量子计算机等。人们通常所说的计算机一般是指在各种场合应用的个人计算机。

以微处理器为核心，配上大容量的半导体存储器及功能强大的可编程接口芯片，连上外部设备（包括键盘、显示器、扫描仪、打印机、软驱、光驱等）及电源所组成的计算机，称为微型计算机，简称微型机或微机，有时又称为 PC（Personal Computer）或 MC（Microcomputer）。微机加上系统软件，就构成了整个微型计算机系统。

计算机对人类的生产活动和社会活动产生了极其重要的影响，已遍及学校、企事业单位，甚至进入寻常百姓家，成为信息社会中必不可少的工具。

1.1.2 计算机组成结构

一个完整的计算机系统包括硬件系统和软件系统两大部分。硬件系统是指构成计算机的所有实体部件，通常这些部件由电路（电子元器件）、机械等物理部件组成。这些部件都是看得见摸得着的设备零件，是计算机进行工作的硬件基础，也是计算机软件发挥作用、施展技能不可或缺的舞台。通常所说的计算机组装其实就是指对这些硬件设备模块进行拼装，使其成为一台硬件设备

完善，能正常运行计算机软件程序的硬件计算机或裸机（如果一台计算机没有安装任何软件，那么就将该计算机称为硬件计算机或裸机）。

计算机软件是指在硬件设备上运行的各种程序以及相关资料。所谓程序实际上是用户用于指挥计算机执行各种动作以便完成指定任务的指令的集合。由于裸机不装备任何软件，只能运行机器语言程序，因而它的功能有限，应用范围也较窄，不利于普通用户使用。因此，一般情况下要在裸机上配置若干软件，构成整个计算机系统。这样就把一台物理机器（也称为实机器）变成了一台具有抽象概念的逻辑机器（也称为虚机器），从而使普通用户不必更多地了解机器本身就可以使用计算机。

1.2 计算机硬件的组成模块

计算机硬件是计算机的核心，其组成模块主要有计算机外观模块和计算机内部模块。

1.2.1 计算机外观模块

首先认识计算机的外观模块。计算机外观模块主要有机箱、显示器、键盘、鼠标和音响，如图 1-1 所示。

图 1-1　计算机常见外观模块

1. 机箱

机箱不仅作为计算机外观模块的一部分，同时也是计算机配件中的重要部分，主要用于放置

和固定计算机的其他各配件，起到承托和保护计算机其他配件的作用。此外，机箱还具有屏蔽电磁辐射的重要作用。

机箱一般包括外壳、支架、面板上的各种开关、指示灯、风扇等。外壳采用钢板和塑料结合制成，硬度高，主要起保护机箱内部元器件的作用；支架主要用于固定主板、电源和各种驱动器；指示灯用于显示计算机运行情况；自带风扇的主要作用是加快空气流动，给机箱内部各器件降温。图 1-2 所示为机箱的内部结构。

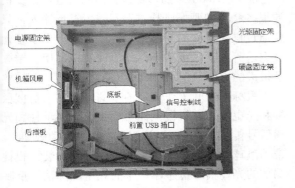

图 1-2 机箱的内部结构

在机箱内部有主板、CPU、内存、电源、硬盘、光驱、软驱、显卡、声卡等硬件设备，如图 1-3 所示。

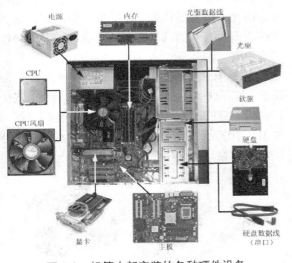

图 1-3 机箱内部安装的各种硬件设备

普通的计算机机箱比较大，在机箱的前面板上提供了各种指示灯、前置 USB 插口、VCD\DVD 光驱、电源按钮和重启按钮等，如图 1-4 所示。在机箱的后面板上有更多的插口，例如键盘插口、鼠标插口、电源线插口、USB 插口等，如图 1-5 所示。

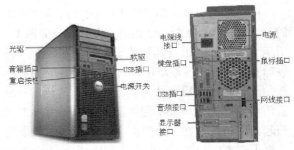

图 1-4 机箱前面板   图 1-5 机箱后面板

计算机机箱有很多种类型。目前市场较常见的是 AT、ATX、Micro ATX 以及最新的 BTX。AT 机箱主要应用在只支持安装 AT 主板的早期机器中。ATX 机箱是目前最常见的机箱，支持目前绝大部分类型的主板。而 Micro ATX 机箱是在 AT 机箱的基础之上发展而来的，目的是进一步节省桌面空间，因而 Micro ATX 机箱要比 ATX 机箱体积要小一些。各类型的机箱只能安装其支持的类型的主板，一般不能混用，而且电源也有所差别，所以大家在选购机箱时一定要注意。

> **提示：**有关机箱的选购以及机箱的其他注意事项，将在本书第 2 章进行详细讲解。

2. 显示器

显示器是计算机的主要输出设备。在显示器的正面，有宽大的用于显示计算机信息的屏幕以及用于打开显示器和对显示器进行调整的相关按钮；在显示器的背面底部，有电源线插口和与机箱相连的数据线插口，电源线插口用于为显示器供电，而数据线插口与主机的显示卡相连，用于将计算机的处理结果显示在显示器上，以供人们阅读或查看。图 1-6 所示为显示器的正面及背面效果图。

图 1-6 显示器的正、背面效果

以前常见的显示器多为 14 英寸（屏幕对角线的长度，1 英寸=2.54cm）的球面显示器，如图 1-6 所示。随着计算机及其相关设备的飞速发展，各种球面显示器已逐渐退出舞台，21 英寸的显示器开始流行起来，日渐成为主流配置。尤其是平面直角显示器，其屏幕不像以前的显示器那样中间凸起，而是几乎在一个平面上，因而画面效果有了很大提高，如图 1-7 所示。同时大量纯平面的显示器也已上市，这些新型显示器在考虑实用的同时，也更符合绿色环保要求。

近几年，LCD 显示器、LED 显示器、等离子显示器等也逐渐流行起来。这类显示器更为环保、显示效果更佳，更容易受到消费者的喜爱。图 1-8 所示为 LCD 显示器外观。

图 1-7 平面直角显示器　　图 1-8 LCD 显示器

提示：有关显示器的选购、显示器的性能以及显示器的其他注意事项，将在本书第 2 章进行详细讲解。

3. 键盘

键盘广泛应用于微型计算机和各种终端设备上。键盘的功能跟显示器相反，它是最常见的计算机输入设备，负责对主机系统输入相关信息、指令、数据，指挥计算机工作。例如输入操作者对计算机的工作要求等。

台式计算机的键盘都采用活动式键盘。键盘

作为一个独立的输入部件，具有自己的外壳，如图 1-9 所示。

图 1-9 键盘

4. 鼠标

随着 Windows 图形操作界面的流行，计算机的很多命令和要求已基本上不需用键盘输入，只要通过操作鼠标的左键或右键就能告诉电脑要做什么。因此，鼠标虽小，却给计算机使用者带来了很大的方便。

鼠标按照其工作原理的不同可以分为机械鼠标和光电鼠标。机械鼠标主要由滚球、辊柱和光栅信号传感器组成。当计算机操作者拖动鼠标时，带动滚球转动，滚球又带动辊柱转动，装在辊柱端部的光栅信号传感器产生的光电脉冲信号反映出鼠标在垂直和水平方向的位移变化，再通过计算机程序的处理和转换来控制屏幕上光标箭头的移动。光电鼠标器则是通过检测鼠标器的位移，将位移信号转换为电脉冲信号，再通过程序的处理和转换来控制屏幕上的光标箭头的移动。光电鼠标用光电传感器代替了机械鼠标的滚球，这类传感器需要特制的、带有条纹或点状图案的垫板配合使用。

鼠标按照其接口类型的不同可以分为 USB 接口鼠标、PS/2 接口鼠标、USB+PS/2 双接口鼠标。目前市场上的鼠标多为 PS/2 接口鼠标。如图 1-10 所示，左图是 PS/2 接口鼠标，右图是 USB 接口鼠标。

图 1-10 PS/2 接口鼠标与 USB 接口鼠标

鼠标按照连接方式的不同，可以分为有线鼠标（见图 1-10）和无线鼠标。有线鼠标使用数据线与计算机主机相连，无线鼠标则采用无线技术与计算机通信，省却了电线的束缚。当前主流无线鼠标主要有 27MHz、2.4GHz 和蓝牙无线鼠标等。图 1-11 所示为常见的无线鼠标。

图 1-11　常见的无线鼠标

> 提示：有关鼠标的选购以及鼠标的性能等其他内容，将在本书第 2 章进行详细讲解。

5. 音箱

音箱是计算机功能的扩展，它是计算机整个音响系统的终端，通过一根数据线与计算机机箱正面或后面的音频插口相连，其作用是把计算机输出的音频电能转换成相应的声能，供计算机操作者直接聆听。由于声音只是计算机操作中很少的一部分，因此，音箱算是计算机的辅助设备之一。

音箱按照外形结构、发声原理以及制作材料的不同，可以分为多种，例如书架式、落地式、倒相式、密闭式、平板式等，其中书架式音箱较常见，如图 1-12 所示。

图 1-12　书架式音箱

> 提示：有关音箱的选购以及音箱的其他注意事项，将在本书第 2 章进行详细讲解。

1.2.2　计算机主机内部构造

计算机主机是整个计算机系统的核心部分，里面有计算机的各种重要部件，它就像人的身躯，身躯上有各种重要器官，缺一不可。计算机的这些重要部件主要有 CPU、CPU 风扇、电源、内存、显卡、声卡、主板、硬盘、硬盘数据线、光驱、光驱数据线、软驱等。当打开机箱的盖子后，就可以看到这些部件及其内部结构（见图 1-3）。

下面将对其进行简单介绍，使大家对其有一个基本认识。

1. 主板

主板通常安装在机箱内。主板一般为矩形电路板，上面安装了计算机的主要电路系统，一般有 BIOS 芯片、I/O 控制芯片、键盘和面板控制开关接口、指示灯接插件、扩充插槽、主板及插卡的直流电源供电接插件等元件。如图 1-13 所示。

图 1-13　主板

> 提示：有关主板的选购以及主板的安装等其他注意事项与操作，将在本书第 4 章进行详细讲解。

2. CPU 及 CPU 风扇

我们知道，人的大脑支配和控制着人的一言一行，而 CPU 其实就是计算机的大脑，它控制着计算机的一切操作。CPU（Central Processing Unit）又称为中央处理器，它是一台计算机的运算核心和控制核心。

CPU、内部存储器和输入/输出设备是计算机的三大核心部件，其功能主要是解释计算机指令以及处理计算机软件中的数据。CPU 由运算器、控制器和寄存器及实现它们之间联系的数据、控制及状态的总线构成。CPU 从存储器或高速缓冲存储器中取出指令，放入指令寄存器，并对指令进行译码、执行。所谓的计算机的可编程性主要是指对 CPU 的编程。

图 1-14 所示为常见的 CPU。

CPU 风扇和散热片是 CUP 的辅助设备，主要用于快速将 CPU 的热量传导出来，以减低 CUP 的热量，对 CUP 起到很好的降温保护作用。CUP 降温效果的好坏直接与 CPU 散热风扇、散热片的品质有关。图 1-15 所示为 CUP 风扇与散热片。

图 1-14　常见 CPU 　图 1-15　CPU 风扇及散热片

提示：有关 CPU 的选购、性能、安装等其他操作与注意事项，将在本书第 2 章与第 4 章进行详细讲解。

3. 内存

存储器是计算机的重要组成部分之一，用来存储程序和数据。对计算机来说，有了存储器，才会有记忆功能，才能保证计算机的正常工作。存储器的种类很多，按其用途可分为主存储器和辅助存储器。主存储器又称为内存储器，简称内存。

内存是相对于外存而言的。我们平常使用的程序，如 Windows 操作系统、打字软件以及游戏软件等，一般都是安装在计算机硬盘等外存上的，使用时必须把它们调入内存中才能运行。可以说运行计算机中所有程序都是在内存中进行的，因此内存的性能对计算机的影响非常大。

图 1-16 所示为常见的内存。

图 1-16　内存

提示：有关内存的选购、安装以及内存的其他注意事项，将在本书第 2 章进行详细讲解。

4. 电源

电源是计算机的重要组成部分，它是安装在计算机机箱内的封闭式独立部件，作用是将交流电通过一个开关电源变压器换为 +5V、−5V、+12V、−12V、+3.3V 等稳定的直流电，以供应计算机机箱内的主板、软盘驱动器、硬盘驱动器及各种适配器扩展卡等部件使用。

图 1-17 所示为计算机电源。

提示：有关计算机电源的选购、安装、调试等操作以及其他注意事项，将在本书第 2 章与第 4 章进行详细讲解。

5. 显卡

显卡如图 1-18 所示，全称显示接口卡，又称为显示适配器、显示器配置卡等。显卡是个人计算机最基本的组成部分之一，是连接显示器和个人计算机主板的重要部件，承担输出显示图形的任务，它将计算机系统所需要的显示信息进行转换，并向显示器提供行扫描信号，控制显示器的正确显示。对于从事专业图形设计的人来说显卡非常重要。

图 1-17　电源

图 1-18　显卡

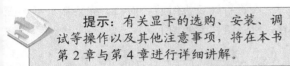

提示：有关显卡的选购、安装、调试等操作以及其他注意事项，将在本书第 2 章与第 4 章进行详细讲解。

6. 硬盘

硬盘如图 1-19 所示，它是计算机主要的存储媒介之一，一般由一个或者多个铝制或者玻璃制的碟片组成。这些碟片外表面覆盖有铁磁性材料。绝大多数硬盘都是固定硬盘，被永久性地密封固定在硬盘驱动器中。硬盘分为固态硬盘（SSD）和机械硬盘（HDD），固态硬盘（SSD）采用闪存颗粒来存储信息，机械硬盘（HDD）则采用磁性碟片来存储信息。

提示：有关计算机硬盘的选购、安装、调试等操作以及其他注意事项，将在本书第 2 章与第 4 章进行详细讲解。

7. 光驱

光驱如图 1-20 所示，它是计算机用来读写光碟内容的设备，也是在个人台式计算机和便携式笔记本电脑中比较常见的一个部件。随着多媒体技术的不断发展和应用越来越广泛，光驱已成为计算机诸多配件中必不可少的标准配件之一。目前，光驱可分为 CD-ROM 光驱、DVD-ROM 光驱、康宝（COMBO）和刻录机等。

图 1-19　硬盘

图 1-20　光驱

提示：有关计算机光驱的选购、安装、调试等操作以及其他注意事项，将在本书第 2 章与第 4 章进行详细讲解。

8. 网卡

网卡如图 1-21 所示。网卡又称网络接口板、通信适配器或网络适配器（Network Adapter）、网络接口卡（Network Interface Card，NIC）等，它安装在计算机机箱内，是计算机与外界网络进行连接的主要配件。计算机安装了网卡，用户就可以通过网络与世界各地的人们进行交流。

图 1-21　网卡

提示：有关计算机网卡的选购、安装、调试等操作以及其他注意事项，将在本书第 2 章与第 4 章进行详细讲解。

1.2.3　计算机辅助设备

除了以上所说的计算机外观、主机内部结构之外，计算机硬件还包括打印机、扫描仪以及移动硬盘等辅助设备。常见的打印机有针式打印机、喷墨打印机和激光打印机，如图 1-22 所示。

图 1-22　打印机

这些外部辅助设备是对计算机功能的一种扩展和延伸。例如，当计算机配备了打印机之后，就可以使用打印机将计算机中的图片、文档等信息打印输出到纸张上，方便用户阅读；当计算机配置了扫描仪（见图 1-23）之后，就可以通过扫描仪将外部的图片扫描输入到计算机，然后使用计算机进行相关处理；移动硬盘（见图 1-24）则可以存储更多的信息，这些信息不会占用计算机内部存储空间，但是却能被计算机读取，因此移动硬盘是一个非常有用的计算机辅助设备。

图 1-23　扫描仪

图 1-24　移动硬盘

提示：有关计算机辅助设备的选购、安装、调试等操作以及其他注意事项，将在本书第 2 章与第 4 章进行详细讲解。

1.3 计算机组装的基本步骤

这一节继续了解计算机组装的基本步骤。

1.3.1　装机前的准备工作

在进行计算机组装之前，首先要做好准备工作，准备工作主要如下。

1. 准备好装机所需要的工具

装机所需要的工具主要是十字螺丝刀，此外还可能使用到尖嘴手钳、剪刀、一字螺丝刀等。尖嘴手钳用于剪断数据线、固定某些螺丝以及调整主机箱固定架等；剪刀主要用于在装机时，对于过长的数据线进行剪断；一字螺丝刀与十字螺丝刀主要用于固定螺丝。

2. 装机前需要注意的事项

在正式组装计算机前，装机人员需要先消除自己身上的静电。由于计算机很多配件都是比较精美的电子元件，这些电子元件最容易受静电的影响而毁坏，因此，防止静电是装机人员必须要遵守的法则。静电多来源于装机人员的服装，尤其是化纤类服装，通过摩擦最容易起静电。消除静电最好的方法是用手摸一摸自来水管等接地设备，或者最好穿纯棉服装或纯棉工作服等，这样就不会产生静电。

另外，对计算机各个部件要轻拿轻放，不要碰撞，尤其是硬盘，不然会对硬盘内的碟片造成损坏，从而影响硬盘的正常使用。在安装主板时一定要紧固其螺丝，使主板安装得稳固，同时要防止主板变形，不然会对主板的电子线路造成损伤。

3. 足够宽敞、光线充足的活动空间

装机时要选择在较宽敞、光线足够明亮的空间中进行，这样才能保证装机的顺利进行，不至于因为空间狭窄、光线不足而将配件安装错误、插线差错位置等。

1.3.2　开始装机

在装机前，还要准备好所需的配件，主要有机箱、CPU、内存、硬盘、主板、显卡、光驱、软驱、电源、鼠标、键盘、显示器等，当准备好这些配件后，就可以开始装机了，装机的一般步骤如下。

（1）首先将 CPU 和内存安装到主板上（在此之前要根据实际情况设置好主板跳线）。

（2）将机箱打开，在机箱内安装电源。

（3）安装硬盘、软驱、光驱。

（4）安装主板。

（5）安装显示卡（显卡）、声卡等。

（6）连接电源线和数据线。

（7）装挡板，并盖上机箱盖。

（8）连接键盘和鼠标。

（9）连接主机和显示器、键盘等部件。

（10）最后连接机箱和显示器。

组装完成就可以开机了。按显示器上的开关，打开显示器，再按一下机箱上的电源开关，计算机启动了。

以上是组装计算机的一般步骤，这些步骤看似简单，其实在实际操作中，还需要格外小心和仔细。有关装机的详细操作过程，将在本书第 4 章进行详细讲解，此处不再赘述。

第 2 章

计算机硬件性能详解与选购

📖 学习目标

了解计算机主机内部的各个组成部分，掌握它们的功能及选购方法。主要内容包括 CPU 及其散热器、内存、显卡、声卡、光驱、电源、机箱和硬盘的组成、分类、性能参数及选购方法。通过本章学习，读者能对主机内部构成有所了解，为学习计算机的组装打下基础。

📖 学习重点

CPU 的性能参数及制造工艺；主板的类型、构成；内存的类型、性能参数；硬盘的结构性能及参数。

📖 主要内容

- ◆ CPU 及其散热器的性能参数与选购
- ◆ 主板的类型、构成部分与选购
- ◆ 内存的类型、性能参数与选购
- ◆ 显卡的类型、基本结构、性能参数与选购
- ◆ 声卡的类型、基本结构、性能参数与选购
- ◆ 光驱的性能参数与选购
- ◆ 电源种类、性能参数与选购
- ◆ 机箱的种类与选购
- ◆ 硬盘的结构、分类、性能参数与选购

2.1 CPU 及其散热器

前面讲过计算机中的 CPU 就相当于人的大脑，负责整个系统的协调、控制以及程序运行，是计算机的运算核心和控制核心。CPU 的运行速度决定了计算机的运行速度，因此，在组装计算机时，首先考虑的应该是 CPU。本节将着重介绍 CPU 的性能指标、技术架构、发展趋势以及 CPU 的选购等相关知识。

CPU 的外观如图 2-1 所示。

图 2-1 CPU 的外观

2.1.1 CPU 的种类

CPU 主要分为台式机处理器、服务器处理器和移动版处理器。台式机处理器用于台式计算机；服务器处理器用于高性能的服务器和工作站；移动版处理器则用于小型化的手持计算设备。

CPU 的生产商主要有 Intel 和 AMD 两家公司。Intel 公司生产的 CPU 系列主要有奔腾系列、赛扬系列、酷睿系列（双核、四核）等，而 AMD 公司生产的系列有闪龙系列、速龙系列、AM2 系列（双核）、三核系列等。

2.1.2 CPU 的性能参数以及制造工艺

CPU 的性能指标有很多，具体包括主频、倍频、外频、前端总线频率、缓存、工作电压、指令集等。下面来一一讲解。

1. 主频

主频是指 CPU 的时钟频率，单位是兆赫（MHz）或千兆赫（GHz），用来表示 CPU 的运算、处理数据的速度。CPU 的主频=外频×倍频系数。以前我们常说的奔四 3.0 CPU，这个"3.0"就是主频，同类 CPU 的主频越高，一个时钟周期内完成的指令数也越多，CPU 的运算速度越快，计算机的运行速度也越快。但是由于不同种类的 CPU 的内部结构不一样，因此不同种类之间不能简单凭主频的高低来衡量 CPU 的运算速度，并且主频还与外频、缓存的大小、CPU 流水线、总线等方面的性能指标有着千丝万缕的关系。

2. 外频

外频是 CPU 的总线频率，是由主板为 CPU 提供的基准时钟频率，单位是 MHz。CPU 的外频决定了主板的运行速度。在台式机中，所说的超频，都是指超 CPU 的外频（一般情况下，CPU 的倍频都是被锁住的）。大部分 CPU 外频和主板频率是同步运行的，如果改变了外频，会导致异步运行，这样会造成整个系统不稳定。

3. 倍频

倍频是指 CPU 主频与外频之间的相对比例关系。在相同的外频下，倍频越高，CPU 的主频也越高。但实际上，在相同外频的前提下，高倍频的 CPU 本身意义并不大。这是因为 CPU 与系统之间数据传输速度是有限的，CPU 从系统中得到数据的极限速度不能满足 CPU 运算的速度。一般 Intel 的 CPU 都是锁了倍频的，少量的如 Intel 的奔腾双核 E6500K 和一些至尊版的 CPU 不锁倍频。现在 AMD 也推出了不锁倍频版本，用户可以自由调节倍频，这种超频方式比调节外频稳定得多。

4. 前端总线

前端总线（FSB）频率（也称 FSB 带宽或 FSB 速度）直接影响 CPU 与内存间的数据交换速度。数据传输最大带宽取决于所有同时传输的数据的宽度和传输频率，即数据带宽=（总线频率×数据位宽）/8。比如，现在的支持 64 位的至强 Nocona CPU 的前端总线是 800MHz，按照公式，它的数据传输最大带宽是 6.4GB/s。

前端总线和外频的区别：前端总线的速度是指数据传输的速度，外频是 CPU 与主板之间同步运行的时钟频率。也就是说，500MHz 外频特指数字脉冲信号在每一秒钟震荡 5 亿次；500MHz 前端总线指的是 CPU 可以接收的数据传输速率为 500MHz×64bit÷8bit/s=4000MB/s。

5. 缓存

缓存是指可以进行高速数据交换的存储器，它和 CPU 交换数据要早于内存。缓存大小是 CPU 的重要指标之一，而且缓存的结构和大小对 CPU 速度的影响非常大。CPU 内缓存的运行频率极高，一般是和处理器同频运作，工作效率远远大于内存和硬盘。实际工作时，CPU 往往需要重复读取同样的数据块，而缓存容量的增大，可以大幅度提升 CPU 内部读取数据的命中率，而不需要再到内存或者硬盘上寻找，从而提高系统性能。但是由于 CPU 芯片面积和成本因素，缓存都很小。

L1 Cache（一级缓存）是 CPU 的第一层高速缓存，分为数据缓存和指令缓存。内置的 L1 高速缓存的容量和结构对 CPU 的性能影响较大，不过高速缓存均由静态 RAM 组成，结构较复杂，在 CPU 管芯面积不能太大的情况下，L1 高速缓存的容量也不可能做得太大。一般服务器中 CPU 的 L1 缓存的容量通常在 32～256KB。

L2 Cache（二级缓存）是 CPU 的第二层高速缓存，分内部和外部两种芯片。内部芯片的二级缓存运行速度与主频相同，而外部的二级缓存只有主频的一半。L2 高速缓存容量也会影响 CPU 的性能，原则是越大越好。以前家庭用 CPU 容量最大的是 512KB，现在已达到 4MB。

L3 Cache（三级缓存）分为两种，早期是外置的，现在都是内置的。L3 缓存可以进一步降低内存延迟，同时提升计算大数据量时处理器的性能。降低内存延迟和提升大数据量计算能力对游戏都很有帮助。AMD 的 FX 系列三级缓存已达到 8MB。

6. 工作电压

从 Intel 586 CPU 开始，CPU 的工作电压分为内核电压和 I/O 电压两种，通常 CPU 的内核电压小于或等于 I/O 电压。其中内核电压的大小是根据 CPU 的制造工艺而定，一般工艺越大，内核工作电压越高；I/O 电压一般为 1.5～3V。低电压能解决功率过大和发热过高的问题。随着技术的不断发展进步，CPU 的工作电压在不断降低。

7. 制造工艺

制造工艺指在生产 CPU 时各个内部元件连接线的宽度，一般用 nm 表示。制造工艺的趋势是向密集度高、功能更复杂的方向发展。现在主要为 180nm、130nm、90nm、65nm、45 nm、32nm。Intel 已经于 2010 年发布 32nm 制造工艺的酷睿 i3/酷睿 i5/酷睿 i7 系列。随着 CPU 的制造工艺越来越小，相应的需要空间就小，可以在省出来的空间中为 CPU 增加更多的功能，比如在 CPU 中集成显卡。

8. 多核心

多核心也指单芯片多处理器，是将多个处理器集成到一个芯片中，各个处理器并行执行不同的进程。多核处理器可以在处理器内部共享缓存，提高缓存利用率，同时简化多处理器系统设计的复杂性。多核处理器的电脑运行速度更快，目前市场上的多数 CPU 都是多核心的，未来核心数将越来越多，AMD 的 FX 系列已达 8 核心。

9. 插槽类型

CPU 主要有两种插槽类型：Slot 类型和 Socket 类型。目前 CPU 的接口大多是针脚式接口，对应到主板上就有相应的插槽类型。CPU 接口类型不同，其插孔数、体积、形状也将不同，所以不能互相接插。

现在越来越多的主板支持 LGA 插槽式 CPU。LGA 全称是 Land Grid Array，即栅格阵列封装，与 Intel 处理器之前的封装技术 Socket 478 相对应，也被称为 Socket T。说它是"跨越性的技术革命"，主要在于它采用金属触点式封装，与以往的针脚式插口形成鲜明的对比。

2.1.3　CPU 散热器

CPU 散热器是计算机中必不可少的配件之一，通常包括一个散热片和一个散热风扇，主要用来为 CPU 散热。由于 CPU 在工作时会产生大量的热，如果不能及时把 CPU 产生的热量排出去，轻则导致计算机死机，重则可能烧坏 CPU，因此，CPU 散热器对计算机系统的稳定性能起到十分关键的作用。

在安装 CPU 散热器时，其散热片必须紧贴 CPU，这样可以很好地将 CPU 工作时产生的热量以传导方式及时传递出去。

在选择 CPU 散热器时应注意以下几个问题。

1. 热量传导性

散热片的作用主要是散热，因此散热片应采用导热性能良好的材料制造，例如金、银、铜以及铝等材料。但是金、银、铜等材料造价太高，而铜不仅造价高，而且重量大，且不耐腐蚀，这些材料并不是散热器的首选制造材料，只有铝或铝合金材料最理想，这类材料不仅导热快，而且重量轻，造价也相对便宜，是很多专业音响的功率放大器散热片的首选材料，因此，在选择计算机 CPU 散热器时，也要选择铝合金材料制造的散热器。

另外，为了加速热传导，在安装 CPU 散热器时，还要使用导热硅脂，这样可以将 CPU 与 CPU 散热器之间的空隙填补起来，以加速热量的传递。优质的导热硅脂是不会干涸的，而且导热效果还很不错。导热硅脂价格便宜，进口的略贵一些，但可以使用很长时间。

2. 空气对流

空气对流是散热不可缺少的条件。要想空气对流好，就需要散热风扇提供足够的风量，以确保凉空气可以源源不断地补充进来，与 CPU 产生的热空气形成对流，这样才能将 CPU 产生的热空气及时带走。

目前市面上销售的散热风扇主要有轴承风扇和滚珠风扇两种，轴承风扇成本低，但噪声较大，

同时转速也受限制；而在相同转速的情况下，滚珠风扇不仅噪声小，而且转速高，虽然成本稍高，但通盘考虑，还是应该选择滚珠风扇。另外，为了让风扇可以在较低的转速获得较高的风量，较好的风扇都是采用了多叶片、镰刀形状，这样可以有效增大风量、降低噪声。

3. 热量辐射

为了增加热量辐射，风冷散热器的散热片应该具有足够的散热面积，这里所说的散热面积不同于一般意义上的体积和面积，它是指散热片的表面积。如果散热片的鳍片高很多，那么散热面积可以成倍增加，换来的是非常出色的散热效果。有的散热器将散热片的表面做成带有棱状突起的形式，就是为了增加表面积，提高辐射热量的传递。

4. 散热片形状

风冷散热器的散热效果不仅仅决定于散热面积，跟散热片形状也很有关系。散热片都有一个底板，就是最厚的、用来接触 CPU 的那一面。如果底板过厚，散热速率就会有所降低，导致散热片两边温差明显，不利于散热；如果底板过薄，则散热稳定性差，温度容易出现骤然升高或降低的现象。

5. 风扇噪声

风扇噪声指风扇工作工程中发出的声音，它主要受风扇轴承和叶片的影响。尽量选择风扇噪声小的，以免影响计算机使用者。

2.1.4　CPU 的选购

目前，市场上台式计算机的 CPU 主要有 Intel 和 AMD 两种品牌，这些产品的 CPU 的主频都越来越高，用户选择的范围越来越大，而且在每一个档次上都有不同的选择。如何为计算机选择一款合适的 CPU，这就要看计算机使用者的需要了。但需要提醒大家的是，在选购 CPU 时不要盲目追求 CPU 的主频，而是要考虑 CPU 的综合性能，例如 CPU 制造工艺、多核心设计、缓存等。因为

单纯的主频高低与 CPU 实际性能有很大差距，仅通过主频高低来选购 CPU 就显得有些片面。

总之，在选购 CPU 的时候主要看 CPU 的主频、制造工艺、二级缓存、三级缓存、核心数量等性能参数，根据不同需求选择适合自己的 CPU。

2.2 主板

主板是计算机中最基本的、也是最重要的部件之一，它担负着操控和协调 CPU、内存、显卡、硬盘等部件，将它们合并为一个系统来协同工作的重要任务。主板又叫主机板、系统板或母板，一般为矩形电路板，上面安装了计算机的主要电路系统，一般有 BIOS 芯片、I/O 控制芯片、键盘和面板控制开关接口、指示灯接插件、扩充插槽、主板及插卡的直流电源供电接插件等元件。

当主机加电时，电流会瞬间通过 CPU、南北桥芯片、内存插槽、AGP 插槽、PCI 插槽、IDE 接口以及主板边缘的串口、并口、PS/2 接口等，随后，主板会根据 BIOS（基本输入输出系统）来识别硬件，并进入操作系统发挥出支撑系统平台工作的功能。

这一节主要了解主板的相关知识以及主板的选购等。主板外观如图 2-2 所示。

图 2-2　主板的外观

2.2.1　主板的类型

主板按照其板型可以分为 AT、Baby-AT、ATX、Micro ATX、LPX、NLX、Flex ATX、EATX、WATX 以及 BTX 等结构。其中，AT 和 Baby-AT 是很久以前的版本，随着技术的进步，现在已经被淘汰；LPX、NLX、Flex ATX 是 ATX 的衍生品，在国外的计算机中经常见到，国产计算机中尚不多见；EATX 和 WATX 多用于服务器/工作站主板；ATX 是目前市场上最常见的主板结构，扩展插槽较多，PCI 插槽数量在 4～6 个，目前大多数主板都采用 ATX 结构；Micro ATX 又称 Mini ATX，是 ATX 结构的简化版，就是常说的"小板"，其扩展插槽相对来说少一点，PCI 插槽数量在 3 个或 3 个以下，常见于品牌机的小型机箱中；BTX（Balanced Technology Extended）是 Intel 制定的新一代主板结构。

下面对各类型的主板进行简单介绍。

1. Baby AT 主板

Baby AT 主板沿袭了 AT 主板的 I/O 扩展插槽、键盘插座等外设接口及元件的摆放位置，而对内存插槽等内部元件结构进行了紧缩，再加上大规模集成电路使内部元件减少，使得 Baby AT 主板比 AT 主板布局紧凑而功能不减。

随着计算机硬件技术的进一步发展，计算机主板上集成功能越来越多，Baby AT 主板有点不负重荷，而 AT 主板又过于庞大，于是很多主板商又采取另一种折衷的方案，即一方面取消主板上用较少的零部件以压缩空间（如将 I/O 扩展槽减为 7 个甚至 6 个），另一方面将 Baby AT 主板适当加宽，增加使用面积，这就形成了众多的规格不一的 Baby AT 主板。当然这些主板对基本 I/O 插槽、外围设备接口及主板固定孔的位置没有改动，使得即使是最小的 Baby AT 主板也能在标准机箱中使用。最常见的 Baby AT 主板尺寸是 3/4Baby AT 主板（26.5cm×22cm），采用 7 个 I/O 扩展槽。

Baby AT 主板市场的不规范和 AT 主板结构过于陈旧，Intel 在 1995 年 1 月公布了扩展 AT 主板结构，即 ATX（AT extended）主板标准。这一标准得到了世界主要主板厂商的支持，目前已经成为最广泛的工业标准。Intel 在 1997 年 2 月推出了

ATX 2.01 版。

2. ATX 结构主板

Baby AT 结构标准的缺点首先表现在主板横向宽度太窄（一般为 22cm），使得直接从主板引出接口的空间太小，大大限制了对外接口的数量，这对于功能越来越强、对外接口越来越多的微机来说，是无法克服的缺点。其次，Baby AT 主板上 CPU 和 I/O 插槽的位置安排不合理。早期的 CPU 由于性能低、功耗小，对散热的要求不高，而今天的 CPU 性能高、功耗大，为了使其工作稳定，必须要有良好的散热装置，需要加装散热片或风扇，因而大大增加了 CPU 的高度。在 AT 结构标准里 CPU 位于扩展槽的下方，使得很多长的扩展卡插不上去或插上去后阻碍 CPU 风扇运转。内存的位置也不尽合理。早期的计算机内存大小是固定的，对安装位置无特殊要求。Baby AT 主板在结构上按习惯把内存插槽安放在机箱电源的下方，安装、更换内存条往往要拆下电源或主板，很不方便，且内存条散热条件也不好。此外，由于软硬盘控制器及软硬盘支架没有特定的位置，这造成了软硬盘线缆过长，增加了电脑内部连线的混乱，降低了电脑的可靠性，甚至由于硬盘线缆过长，使很多高速硬盘的转速受到影响。ATX 主板针对 AT 和 Baby AT 主板的缺点做了以下改进。

主板外形在 Baby AT 的基础上旋转了 90°，几何尺寸改为 30.5cm×24.4cm；采用 7 个 I/O 插槽，CPU 与 I/O 插槽、内存插槽的位置更加合理；优化了软硬盘驱动器接口位置；提高了主板的兼容性与可扩充性；采用了增强的电源管理，真正实现电脑的软开/关机和绿色节能功能；Micro ATX 保持了 ATX 标准主板背板上的外设接口位置，与 ATX 兼容。

3. BTX 结构主板

支持 Low-profile，即窄板设计，系统结构将更加紧凑；针对散热和气流的运动，对主板的线路布局进行了优化设计；主板的安装更加简便，机械性能也将经过最优化设计。而且，BTX 提供了很好的兼容性。目前流行的新总线和接口，如 PCI Express 和串行 ATA 等，也在 BTX 架构主板中得到很好的支持。

值得一提的是，新型 BTX 主板通过预装的 SRM（支持及保持模块）来优化散热系统，特别是对 CPU 而言。散热系统在 BTX 的术语中也被称为热模块。一般来说，该模块包括散热器和气流通道。目前已经开发的热模块有两种类型，即 full-size 和 low-profile。得益于新技术的不断应用，将来的 BTX 主板还将完全取消传统的串口、并口、PS/2 接口等。

2.2.2 主板的构成

主板的平面是一块 PCB（印刷电路板），一般采用 4 层板或 6 层板。4 层板包括主板信号层、接地层、电源层、次信号层，而 6 层板则增加了辅助电源层和中信号层，因此，6 层 PCB 的主板抗电磁干扰能力更强，主板也更加稳定。

主板主要由芯片组、扩展槽、对外接口等组成。下面介绍主板的物理结构以及各个部分的名称和作用。

1. 芯片组

芯片组主要由 BLOS 芯片、南北桥芯片、RAID（磁盘阵列）控制芯片等组成。

BLOS 芯片是一块方块状的存储器，里面存有与该主板搭配的基本输入输出系统程序。能够让主板识别各种硬件，还可以设置引导系统的设备、调整 CPU 外频等。BIOS 芯片是可以写入的，这方便用户更新 BIOS 的版本，以获取更好的性能及对电脑最新硬件的支持，当然不利的一面便是会让主板遭受诸如 CIH 病毒的袭击。

横跨 AGP 插槽左右两边的两块芯片就是南北桥芯片。南桥多位于 PCI 插槽的上面；CPU 插槽旁边，被散热片盖住的就是北桥芯片。芯片组以北桥芯片为核心，一般情况，主板的命名都是以北桥的核心名称命名的（如 P45 的主板就是用的 P45 的北桥芯片）。北桥芯片主要负责处理 CPU、内存、显卡三者间的"交通"，由于发热量较大，因而需要散热片散热。南桥芯片则负责硬盘等存储设备和 PCI 之间的数据流通。南桥和北桥合称芯片组。芯片组在很大程度上决定了主板的功能和性能。需要注意的是，因 AMD CPU 内置内存控制器，AMD 平台中部分芯片组可采取单芯片的方式，采用无北桥的设计。从 AMD 的 K58 开始，主板内置了内存控制器，因此北桥便不必集成内存控制器，这样不但减少了芯片组的制作难度，同样也减少了制作成本。现在一些高端主板将南北桥芯片封装到一起，只有一个芯片，这样大大提高了芯片组的功能。

RAID（磁盘阵列）控制芯片的作用相当于一块 RAID 卡，可支持多个硬盘组成各种 RAID 模式。目前主板上集成的 RAID 控制芯片主要有两种：HPT372 RAID 控制芯片和 Promise RAID 控制芯片。

2. 总线插槽

总线是主板的重要组成部分。所谓总线就是连接 CPU 和内存、缓存、外部控制芯片之间数据交换的信道，也就是主板上各个部件的公共连线，用于实现各个元件之间的信息交流。

所谓的插槽是指各个部分的配件可以用"插"来安装，用"拔"来反安装。插槽主要包括 CPU 插槽、内存插槽、AGP 插槽、PCI 插槽、CNG 插槽等。

CPU 插槽：CPU 需要通过某个接口与主板连接才能进行工作，CPU 经过这么多年的发展，采用的接口方式有引脚式、卡式、触点式、针脚式等。而目前 CPU 的接口都是针脚式接口，对应到主板上就有相应的插槽类型。不同类型的 CPU 具有不同的插槽，因此选择 CPU，就必须选择带有与之对应插槽类型的主板。主板 CPU 插槽类型不同，其插孔数、体积、形状也不同，所以不能互相接插。

内存插槽：内存插槽是指主板上用来插内存条的插槽。主板所支持的内存种类和容量都由内存插槽来决定。图 2-3 所示为内存插槽。

AGP 插槽：AGP 插槽通常为棕色，它不与 PCI、ISA 插槽处于同一水平位置，而是内进一些，这使得 PCI、ISA 卡不可能插得进去。当然 AGP 插槽结构也与 PCI、ISA 完全不同，所以用户根本不可能插错。随着显卡速度的提高，AGP 插槽已经不能满足显卡传输数据的要求，目前 AGP 显卡已经逐渐淘汰，取代它的是 PCI Express 插槽。图 2-4 所示为 AGP 插槽。

图 2-3 内存插槽

图 2-4 AGP 插槽

PCI 插槽：PCI 插槽多为乳白色，可以插上软 Modem、声卡、股票接收卡、网卡、检测卡等设备。图 2-5 所示为 PCI 插槽。

图 2-5 PCI 插槽

CNR 插槽：CNR 插槽多为淡棕色，长度只有 PCI 插槽的一半，可以插 CNR 接口的软 Modem 或网卡。这种插槽的前身是 AMR 插槽。CNR 和 AMR 不同之处在于 CNR 增加了对网络的支持，并且占用的是 ISA 插槽的位置。共同点是它们都是把软 Modem 或是软声卡的一部分功能交由 CPU 来完成。这种插槽的功能可在主板的 BIOS 中开启或禁止。

3. 对外接口

主板上的对外接口主要有硬盘接口、软驱接口、COM 接口、PS/2 接口、USB 接口、LPT 接口以及 MIDI 接口。

硬盘接口：硬盘接口可分为 IDE 接口和 SATA 接口。在型号较老的主板上，多集成了 2 个 IDE 接口。通常 IDE 接口都位于 PCI 插槽下方，从空间上则垂直于内存插槽（也有横着的）。而新型主板上，IDE 接口减少，取而代之的是 SATA 接口。

软驱接口：连接软驱所用，通常位于 IDE 接口旁，比 IDE 接口略短一些，因为它是 34 针的，所以数据线也略窄一些。

COM 接口（串口）：目前大多数主板都提供了 2 个 COM 接口，分别为 COM1 和 COM2，作用是连接串行鼠标和外置 Modem 等设备。

PS/2 接口：PS/2 接口的功能比较单一，仅用于连接键盘和鼠标。一般情况下，鼠标的接口为绿色、键盘的接口为紫色。PS/2 接口的传输速率比 COM 接口稍快一些。虽然现在绝大多数主板依然配备该接口，但支持该接口的鼠标和键盘越来越少，大部分外设厂商也不再推出基于该接口的外设产品，更多的是推出 USB 接口的外设产品。

USB 接口：USB 接口是现在最为流行的接口，最大可以支持 127 个外设，并且可以独立供电，其应用非常广泛。USB 接口可以从主板上获得 500mA 的电流，支持热拔插，真正做到了即插即用。1 个 USB 接口可同时支持高速和低速 USB 外设的访问，由 1 条 4 芯电缆连接，其中 2 条是正负电源，另外 2 条是数据传输线。高速外设的传输速率为 12Mbit/s，低速外设的传输速率为 1.5Mbit/s。此外，USB2.0 标准最高传输速率可达 480Mbit/s。USB3.0 已经开始出现在最新主板中。

LPT 接口（并口）：一般用来连接打印机或扫描仪。其默认的中断号是 IRQ7，采用 25 脚的 DB-25 接头。

MIDI 接口：声卡的 MIDI 接口和游戏杆接口是共用的。接口中的 2 个针脚用来传送 MIDI 信号，可连接各种 MIDI 设备，例如电子键盘等。现在市面上已很难找到基于该接口的产品。

2.2.3　主板的选购

计算机主板对计算机的性能影响很大。如果我们将计算机比喻为一栋建筑物，那么主板就是建筑物的地基，地基的质量决定了建筑物的坚固耐用程度，由此可知主板对于一台计算机的性能与运行来说有多重要。

在选择主板时要尽量选择工作稳定、兼容性好、功能完善、使用方便、性价比高的主板，具体如下。

1．根据自己的实际需求来选择

在选择主板时，首先要根据自己的实际需求来选择主板，此外要还要根据自己的应用来选择，这些对于主板尺寸、主板支持 CPU 性能等级以及类型、需要的附加功能来说都会有影响。

2．看主板芯片组

芯片组作为主板的心脏，掌握着主板的一切性能，因此我们只需了解某款主板采用的是何种芯片组，就可以大致了解它具有何种档次的性能。事实上，采用了相同芯片组的不同品牌的主板在性能差异上已变得相当小，因此，在选择主板时，可以将注意力集中到芯片组上，这样就能选择一款满意的主板了。

3．看主板品牌

主板是一种高科技、高工艺的集成产品，其品牌决定了产品的品质。一个有实力的主板厂商，为了推出自己品牌的主板，从产品的设计开始，到产品的选料筛选，再到制作工艺控制、包装运送等环节都要经过十分严格的把关，因此，在选购主板时，应首先考虑品牌，这样才能购买到品质不错的主板。

4．看性价比

所谓性价比就是指性能与价格之间的平衡。计算机作为高端电子产品，往往性能越好，价钱也越高，因此，对于用户来说，在选购计算机时，首先要根据自己对计算机的应用情况来选购。一般情况下，计算机可以分为 3 种应用层次：一为低端应用，也就是做一些简单的文字处理，数据管理等；二为中端应用，适用于运行一些商用软件，玩一些普通的计算机游戏；三为高端应用，适用于运行高级软件，玩高级的 3D 游戏等。一般情况下，高端的计算机可以胜任任何工作的需要，但是如果你只是一个低端用户，那么花高价钱配置一台高端计算机就显得有些浪费，相反，如果你是一个计算机高端用户，那么就需要高配置的计算机，千万不能因为省钱而选择低端计算机，这样会严重影响你的工作。

总之，在选购计算机主板时，既要考虑金钱因素，也要考虑自己的使用情况，只有找到二者的平衡点，才是最经济和最划算的选择。

5. 看售后服务

主板作为计算机的主要配件之一，其售后服务对用户来说非常重要。没有良好的售后服务，一旦出现问题，会给用户带来无尽的烦恼，严重影响工作和学习。

目前在国内市场上，主板品牌大概有二三十种，尽管大多数的主板都有明确的公司售后服务地址，但也有相当部分的主板甚至连公司网址都没有标明，用户一旦购买这样的主板后，连最基本的 BIOS 的更新服务都没有，这样会给用户造成无尽的使用隐患。因此，用户在购买主板时，无论选择何种档次的主板，在购买前都要认真考虑厂商的售后服务。

6. 看升级潜力

现在的计算机技术升级飞快，为了使主板能支持未来的处理器，应该选择采用了最新芯片组的主板，因为最新的芯片组具有最大的延伸性。这样，未来想要升级计算机时，升级版的处理器可以在这些芯片组支持下正常运行。

一般情况下，支持分离电压、高倍频和高外频的主板对于处理器具有最优秀的支持能力，用户在选购主板时要多注意。

▌2.3▌ 内存

内存（Memory）由内存芯片、电路板、金手指等部分组成，作用是暂时存放 CPU 中的运算数据以及与硬盘等外部存储器交换的数据。只要计算机在运行中，CPU 就会把需要运算的数据调到内存中进行运算，当运算完成后，CPU 再将结果传送出来。计算机中所有程序的运行都是在内存中进行的，内存的运行稳定性决定了计算机的运行稳定性。

图 2-6 所示为内存的外观效果。

图 2-6　内存外观效果

2.3.1　内存类型

目前市场上流行的内存主要有 DDR、DDR2、DDR3 三种。下面来一一介绍。

1. DDR 内存

DDR（Double Data Rate）内存即双倍速率同步动态随机存储器，其全名应为 DDR SDRAM，现在人们普遍将其简称为 DDR。其中，SDRAM 是 Synchronous Dynamic Random Access Memory 的缩写，即同步动态随机存取存储器。SDRAM 在一个时钟周期内只传输一次数据，它是在时钟的上升期进行数据传输，而 DDR 内存则是一个时钟周期内传输两次数据，它能够在时钟的上升期和下降期各传输一次数据，因此称为双倍速率同步动态随机存储器。

DDR 内存可以在与 SDRAM 相同的总线频率下达到更高的数据传输率。DDR 内存是 SDRAM 内存的升级版本，但是仍然沿用 SDRAM 生产体系，对于内存的生产厂家来说只需对原来的 SDRAM 生产工艺稍加改造，就可进行 DDR 内存的生产。

图 2-7 所示为 DDR 内存的外观效果。

图 2-7　DDR 内存外观效果

2. DDR2 内存

DDR2 内存是 DDR SDRAM 内存的第二代产品，它在 DDR 内存技术的基础上加以改进，其传输速度更快（可达 667MHz），耗电量更低，散热性能更优良。

DDR2 SDRAM 是由 JEDEC（电子设备工程联合委员会）开发的新生代内存技术标准，它与上一代 DDR 内存技术标准最大的不同就是，虽然都采用了在时钟的上升/下降时进行数据传输的基本方式，但 DDR2 内存却拥有 2 倍于上一代 DDR 内存预读取能力（即 4bit 数据预读取）。换句话说，DDR2 内存每个时钟能够以 4 倍于外部总线的速度读/写数据，并且能够以 4 倍于内部控制总线的速度运行。

图 2-8 所示为 DDR2 内存的外观效果。

图 2-8　DDR2 内存外观效果

3. DDR3 内存

DDR3 内存相比 DDR2 内存有更低的工作电压，从 DDR2 的 1.8V 降为 1.5V，性能更好，更为省电，运行速度更快，是 DDR2 内存速度的 2 倍。

DDR3 目前最高能够达到 2000MHz 的速度，尽管目前最快的 DDR2 内存速度已经提升到 800MHz/1066MHz 的速度，但是 DDR3 内存模组从 1066MHz 起跳，采用点对点的拓扑架构，以减轻地址/命令与控制总线的负担，是目前最流行的存储器产品。

图 2-9 所示为 DDR3 内存外观效果。

图 2-9　DDR3 内存外观效果

2.3.2　内存性能参数详解

对于内存性能的高低，用户可以从内存的主频、内存容量、CAS 延迟时间和内存电压等几个方面来判断。

1. 内存主频

内存主频和 CPU 主频一样，可用来表示内存的速度，它表示内存所能达到的最高工作效率。内存的频率是以 MHz 为单位来计算的，内存主频越高说明内存的运算速度越快。内存主频决定着该内存最高能以什么样的频率工作，现在主流的 DDR3 内存主频为 1333MHz 和 1600MHz。

2. 内存容量

内存容量是指该内存条的存储容量，是内存条的关键参数。内存容量以 MB 和 GB（1GB=1024MB）作为单位，可以简写为 M 和 G。内存的容量一般都是 2 的整次方倍，比如 512MB、1024MB（1GB）、2GB 等，一般而言，内存容量越大越有利于系统的运行。目前台式机中采用的主流内存容量为 2GB 或 4GB。.

系统中内存的容量等于插在主板内存插槽上所有内存条容量的总和，内存容量的上限一般由主板芯片组和内存插槽决定。比如一台机器插了 2 条 1GB 的内存，那么这个机器的内存就是为 2GB。有的时候并不是内存越大越好，比如 XP 系统最大支持 3.25GB 的内存，多余的内存容量在机器运行中没有起任何加速作用。

3. CAS 延迟时间

CAS 延迟时间指内存存取数据所需的延迟时间，简单地说，就是内存接到 CPU 的指令后的反应速度。一般的参数值为 2 和 3。数字越小，代表反应所需的时间越短。

在早期的 PC133 内存标准中，这个数值规定为 3，而在 Intel 重新制订的新规范中，强制要求 CL 的反应时间必须为 2，这样在一定程度上对内存厂商的芯片及 PCB 的组装工艺要求相对较高，同时也保证了更优秀的品质，因此在选购内存时，这是一个不可不察的因素。

4. 了解内存工作电压

不同类型的内存正常工作所需要的电压值也不同。随着技术的进步，内存的工作电压越来越低。DDR 内存一般工作电压都在 2.5V 左右，上下浮动额度不超过 0.2V；而 DDR2 内存的工作电压一般在 1.8V 左右；DDR3 内存的工作电压一般在 1.5V 左右。

2.3.3　内存的选购技巧

在选购内存时，首先要根据内存参数进行选择，应尽量选择内存主频快、内存容量大、CAS延迟时间少、工作电压小的内存，除此之外还要注意以下几点。

1. 看品牌

和其他计算机产品一样，内存芯片也有品牌的区别，不同品牌的芯片质量自然也不同。一般来说，一些久负盛名的内存芯片在出厂的时候都会经过严格的检测，而且在对一些内存标准的解释上与其他内存也会有所不同，因此在选购内存时，首先要考虑品牌内存。

2. 看印刷电路板

内存条由内存芯片和印刷电路板组成，因此，印刷电路板对内存性能有着很大的影响。决定印刷电路板好坏主要有以下几个因素，首先是板材，一般来说，如果内存条使用 4 层板，这样内存条在工作过程中由于信号干扰所产生的杂波就会很大，有时会产生不稳定的现象，而使用 6 层板设计的内存条相应的干扰就会小得多，这些都是通过内存的外观能看到的，而对于内存的内部布线等，只能通过试用才能发觉其好坏。其次，一般情况下，质量较好的内存条表面有比较强的金属光洁度，色泽也比较均匀，部件焊接也比较整齐，没有错位，金手指部分也比较光亮，没有发白或者发黑的现象，而质量较差的内存条，从外观看就会发现，表面金属光洁度较弱，色泽不均匀，尤其是部件焊接显得凌乱，甚至会出现很多错位

现象，金手指部分会有发白或发黑的现象。因此在购买前一定要看仔细。

3. 根据主板选择内存

不管选择什么品牌的内存，其归根结底都是要与主板相匹配，因此，在选择内存时要特别注意，不同的主板支持的内存类型不一样，也就是主板上面的内存插槽不一样，因此选择内存时候要根据主板来选择。有的主板支持 DDR 内存，有的主板则支持 DDR2 内存，而有的主板支持 DDR3内存，有的主板兼容 DDR2 内存和 DDR3 内存。例如华硕 P8B75-V、技嘉 GA-B75M-D3V 这两款主板只支持 DDR3 内存，技嘉 GA-MA785GM-US2H、Intel DG41CN 两款主板则支持 DDR2 内存，昂达 G41C+、梅捷 SY-A78M3-GR V3.0 两款主板同时支持 DDR2 和 DDR3 内存。目前市场上比较流行的是 DDR3 内存。

2.4　显卡

显卡全称显示接口卡，又称为显示适配器、显示器配置卡等，它是个人计算机最基本的组成部分之一。

显卡的用途是将计算机系统所需要的显示信息进行转换，并向显示器提供行扫描信号，控制显示器的正确显示，是连接显示器和主板的重要元件。

显卡作为计算机主机里的一个重要组成部分，承担输出显示图形的任务，对于从事专业做图的人来说非常重要。图 2-10 所示为显卡的外观效果。

图 2-10　显卡外观效果

2.4.1　显卡的类型

显卡主要有主板集成显卡和独立显卡 2 种。在品牌计算机中，采用集成显卡和独立显卡的产品约各占一半，而在低端的计算机产品中更多采用集成显卡，在中、高端计算机市场则较多采用独立显卡。

1．集成显卡

集成显卡是指芯片组集成了显示芯片，使用这种芯片组的主板不需要独立显卡就可以实现普通的显示功能，可以满足一般的家庭娱乐和商业应用，节省用户购买显卡的开支。

集成了显卡的芯片组也叫做整合型芯片，这样的主板也被称之为整合型主板。

集成的显卡一般不带有显存，使用系统的一部分主内存作为显存，具体大小一般是系统根据需要自动动态调整。因此，如果使用集成显卡运行需要大量占用显存的程序，那么对整个系统的影响会比较明显，此外系统内存的频率通常比独立显卡低很多，因此集成显卡的性能比独立显卡要逊色一些。使用集成显卡的主板，也可以把集成的显卡屏蔽，只是出于成本，很少会这样做。

集成显卡的优点是价格低、兼容性好、能够满足多数用户的需求、升级方便。缺点是性能比中高档独立显卡低、占用内存作为显存、影响系统整体性能。

2．独立显卡

独立显卡分为内置独立显卡和外置独立显卡 2 种。独立显卡简称独显，是指成独立的板卡形式存在，需要插在主板的相应接口上。独立显卡具备单独的显存，其好处是不占用系统内存，而且技术上领先于集成显卡，能够提供更好的显示效果和运行性能。

2.4.2　显卡的基本结构

显卡主要由 GPU、显示内存、显卡 BIOS、输出接口、显卡 PCB 板等组成。

下面就显卡的基本结构进行简单介绍。

1．GPU

GPU（Graphic Processing Unit）又称为图形处理芯片，是显卡的重要构成部分，也是显卡的核心芯片，其性能好坏直接决定了显卡性能的好坏。

由于在现代的计算机应用当中，图形的处理是计算机的一个重要用途，因此需要一个专门处理图形的处理器，就出现了 GPU 的概念。

GPU 相当于 CPU 在电脑中的作用，它决定了该显卡的档次和大部分性能，同时也是 2D 显示卡和 3D 显示卡的区别依据。2D 显示芯片在处理 3D 图像和特效时主要依赖 CPU 的处理能力，称为"软加速"，而 3D 显示芯片将三维图像和特效处理功能集中在显示芯片内，也即所谓的"硬件加速"功能。

GPU 是能够从硬件上支持 T&L（多边形转换与光源处理）的显示芯片。T&L 是 3D 渲染中的一个重要部分，其作用是计算多边形的 3D 位置和处理动态光线效果，也可以称为"几何处理"。一个好的 T&L 单元，可以提供细致的 3D 物体和高级的光线特效，只不过大多数计算机中，T&L 的大部分运算是交由 CPU 处理的，也就是所谓的软件 T&L。由于 CPU 的任务繁多，除了 T&L 之外，还要做内存管理、输入响应等非 3D 图形处理工作，因此在实际运算的时候性能会大打折扣，其运算速度远跟不上计算机的使用要求。而 CPU 是显卡的核心芯片，它的性能好坏直接决定了显卡性能的好坏，其主要任务就是处理系统输入的视频信息并将其构建、渲染等。不同的显示芯片，不论内部结构还是性能都存在着差异。现在市场上的显卡大多采用 NVIDIA 和 AMD 两家公司的图形处理芯片。

2．显卡内存

显卡内存是显示内存的简称，也叫"显存"，其主要功能就是暂时储存显示芯片要处理的数据和处理完毕的数据。图形核心的性能越强，需要的显存也就越多。以前的显存主要是 SDR 的，而现在市面上的显卡大部分采用的是 GDDR3 显存，最新的显卡则采用了性能更为出色的 GDDR4 或

GDDR5 显存。

在显卡开始工作前，通常是把所需要的材质和纹理数据传送到显存里面，而在开始工作时，即进行建模渲染时，显示芯片将通过 AGP 总线提取存储在显存里面的数据，除了建模渲染数据外还有大量的顶点数据和工作指令流需要进行交换，这些数据通过 RAMDAC 转换为模拟信号输出到显示端，最终就是我们看见的图像。

显示芯片性能的提高，代表着其数据处理能力的增强，使得显存数据传输量和传输率也相应提高，显卡对显存的要求也更高。对于现在的显卡来说，显存是承担大量的三维运算所需的多边形顶点数据以及作为海量三维函数的运算的主要载体，这时显存的交换量的大小、速度的快慢对于显卡核心的效能发挥都是非常重要的，如何有效地提高显存的效能也就成了提高整个显卡效能的关键。伴随显卡技术的不断进步，显存的容量在不断扩大，例如现在的华硕 GTX690-4GD5 显卡的内存容量已达 4GB。

3. 显卡 BIOS

显卡 BIOS 是驱动程序之间的控制程序，存有显卡的型号、规格、生产厂家及出厂时间等信息。当启动计算机时，通过显卡 BIOS 内的一段控制程序将这些信息反馈到屏幕上。

早期显卡 BIOS 是固化在 ROM 中的，不可以修改，而现在多数显卡则采用了大容量的 EPROM，即所谓的 Flash BIOS，可以通过专用的程序进行改写或升级。

启动计算机时，通过执行自检程序，会在屏幕上显示保存在显卡 BIOS 中的有关显卡的规格、型号等信息。

4. 显卡接口

显卡接口是指计算机的独立显卡硬件的连接位置。显卡接口可分为两种，一种是总线接口，另一种是信号输入输出接口。总线接口有 PCI Express 2.0 16X 接口等，信号输入输出接口有 VGA 接口等。

图 2-11 所示为显卡的 3 个接口。

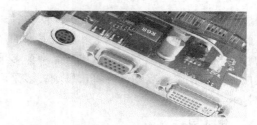

图 2-11　显卡的 3 个接口

5. 显卡 PCB 板

所谓显卡 PCB 板，就是显卡的电路板，它把显卡上的其他部件连接起来，其功能类似于主板。显卡上的芯片、卡槽都通过这块板连接起来，它是显卡的主要框架。

2.4.3　显卡性能参数详解

1. 显卡核心频率

显卡的核心频率是指显示核心的工作频率，其工作频率在一定程度上可以反映出显示核心的性能，但显卡的性能是由核心频率、显存、像素管线、像素填充率等多方面的情况所决定的，因此在显示核心不同的情况下，核心频率高并不代表此显卡性能强劲。比如 9600PRO 显卡的核心频率达到了 400MHz，要比 9800PRO 显卡的 380MHz 高，但在性能上 9800PRO 绝对要强于 9600PRO。在同样级别的芯片中，核心频率高的则性能要强一些。提高核心频率就是显卡超频的方法之一。

主流的显示芯片只有 ATI 和 NVIDIA 两家，两家都提供显示核心给第三方的厂商。在同样的显示核心下，部分厂商会适当提高其产品的显示核心频率，使其工作在高于显示核心固定的频率上以达到更高的性能。

2. 显存位宽

显存位宽是显存在一个时钟周期内所能传送数据的位数，位数越大则瞬间所能传输的数据量越大。显存位宽是显存的重要参数之一。

目前市场上的显存位宽有 64 位、128 位、192

位、256 位、320 位、384 位、512 位、768 位等。我们习惯上叫的 256 位显卡、512 位显卡和 768 位显卡就是指相应的显存位宽。显存位宽越高，性能越好，价格也就越高，因此 768 位宽的显存更多应用于高端显卡，而主流显卡基本都采用 256 位显存。

3. 显存频率

显存频率是指默认情况下，该显存在显卡上工作时的频率，以 MHz（兆赫兹）为单位。显存频率一定程度上反映着该显存的速度。显存频率随着显存的类型、性能的不同而不同，SDRAM 显存一般都工作在较低的频率上，一般为 133MHz 和 166MHz，此种频率早已无法满足现在显卡的需求；DDR SDRAM 显存则能提供较高的显存频率，主要在中低端显卡上使用；DDR2 显存由于成本高并且性能一般，因此使用量不大；GDDR5 显存是目前中高端显卡采用最为广泛的显存类型。不同显存能提供的显存频率也差异很大，目前中高端显卡显存频率主要有 1600MHz、1800MHz、3800MHz、4000MHz、5000MHz、6008MHz 等，甚至更高。NVIDIA 生产的影驰 GTX650 黑将显卡的显存频率为 5000MHz。

4. 显存容量

显存容量是显卡显存的容量数，这是显卡的关键参数之一。显存容量决定着显存临时存储数据的多少，有 128MB、256MB、512MB、1024MB 等，其中 64MB 和 128MB 显存的显卡现在已较为少见，主流的是 256MB 和 512MB 的产品，还有部分产品采用了 1024MB 的显存容量。

5. 3D API

API 是 Application Programming Interface 的缩写，是应用程序接口的意思，而 3D API 则是指显卡与应用程序之间的接口。

3D API 能让编程人员所设计的 3D 软件调用其 API 内的程序，从而让 API 自动和硬件的驱动程序沟通，启动 3D 芯片内强大的 3D 图形处理功能，从而大幅度地提高 3D 程序的设计效率。

2.4.4　选购显卡

按需选购是配置计算机配件的一条基本法则，显卡也不例外。对要进行配置计算机的用户来说，选购显卡时要针对自己的实际预算和计算机的具体应用来决定购买何种显卡，因此在决定购买之前，一定要了解自己对显卡的需求。高性能的显卡往往对应的就是高价格，同时显卡的更新速度比较快，所以要在显卡的价格和性能之间寻找平衡点，这样才能购买到适合自己、性价比高的显卡。

当用户确定自己需要什么类型的显卡后，在购买的时候要注意以下几点。

1. 掂分量、看散热

看一款显卡的好坏最简单的方法就是掂分量。对于大多数用户来说，真正识别一块显卡做工水平的高低确实不容易，如果没有经验则更难判断显卡的好坏，因此最简单的方法就是用手掂，相同级别的显卡，感觉沉一些的显卡要比感觉轻一些的显卡质量好。

另外，也可以看显卡的散热，看散热的最简单方法就是看散热片的材料、有效散热面积、鳍片数量、散热片形状等，由于显卡芯片工作产生的很多热量都是要通过散热片来释放热量，以保证显卡能正常工作，因此，显卡散热材料决定了显卡的散热性能。一般情况下，散热最好的材料是"银"，但是，由于银的成本过高，厂家一般不会采用银来制作显卡的散热片，所以目前市场流行的散热片大多用铜和铝作为生产材料，这两种材料相比，铜的导热率要高于铝材，其导热效果仅次于银，只是重量较重，成本也高于铝材料，因此，在选购显卡时，要尽量选择使用铜材质制作的散热片的显卡。

另外要记住，显卡的有效散热面积并不等于散热面积，因此，不能只以显卡的散热面积大小来衡量显卡的散热效果，而是要看鳍片数量、散热片形状等。一般情况下，鳍片数量多、散热片形状规则有条理性的散热片散热效果更好。

2. PCB 层数与布线设计

PCB 层数与布线设计是显卡好坏的又一个重要标志，因此在选择显卡时，要尽量选择布线简明合理、有序、大厂商的产品，这样才能避免因为布线不合理导致显卡整体性能下降。

3. 看显存

显存的大小决定了显示器分辨率的大小及显示器上能够显示的颜色数。一般地说，显存越大，渲染及 2D 和 3D 图形的显示性能就越高，因此，在选购显卡时，除了参照以上两点之外，还要看显卡的显存。

2.5 声卡

声卡（Sound Card）也叫音频卡，是多媒体技术中最基本的组成部分，是实现声波/数字信号相互转换的一种硬件。

声卡的基本功能是把来自话筒、磁带、光盘的原始声音信号加以转换，输出到耳机、扬声器、扩音机、录音机等声响设备，或通过音乐设备数字接口（MIDI）使乐器发出美妙的声音。

图 2-12 所示为声卡的结构效果。

图 2-12　声卡结构

2.5.1　声卡类型

声卡由各种电子器件和连接器组成。电子器件用来完成各种特定的功能，连接器一般有插座和圆形插孔 2 种，用来连接输入输出信号。

声卡主要分为板卡式、集成式和外置式 3 种接口类型，以适用不同用户的需求。3 种类型的产品各有优缺点，下面分别进行讲解。

1. 板卡式声卡

板卡式声卡产品是现今市场上的中坚力量，产品涵盖低、中、高各档次，售价从几十元至上千元不等。早期的板卡式产品多为 ISA 接口，由于此接口总线带宽较低、功能单一、占用系统资源过多，目前已被淘汰；PCI 则取代了 ISA 接口成为目前的主流接口，它们拥有更好的性能及兼容性，支持即插即用，安装使用都很方便，受到计算机用户的欢迎。

2. 集成式声卡

虽然板卡式声卡产品的兼容性、易用性及性能都能满足市场需求，但为了追求更廉价与简便，集成式声卡出现了。

集成声卡是指芯片组支持整合的声卡类型，此类产品集成在主板上，具有不占用 PCI 接口、成本更为低廉、兼容性更好等优势，能够满足普通用户的绝大多数音频需求，受到市场的普遍青睐。比较常见的是 AC'97 和 HD Audio 声卡。

由于集成式声卡只会影响到计算机的音质，对计算机的系统性能并没有什么关系。因此，大多数用户对声卡的要求都满足于能用就行，更愿将资金投入到能增强系统性能的其他部分。

随着集成声卡技术的不断进步，PCI 声卡具有的多声道、低 CPU 占有率等优势也相继出现在集成声卡上，它也由此占据了主导地位，并占据了声卡市场的大半壁江山。

3. 外置式声卡

外置式声卡是创新公司独家推出的一个新兴事物，它通过 USB 接口与计算机连接，具有使用方便、便于移动等优势。但这类产品主要应用于特殊环境，如连接笔记本实现更好的音质等。目前市场上的外置声卡并不多，常见的有创新 Digital Music，以及 MAYA EX、MAYA 5.1 USB 等。

2.5.2　了解声卡的基本结构

声卡主要由声音控制芯片、数字信号处理器、CODEC、输入/输出接口、跳线等部分构成。下面对其进行详细讲解。

1. 声音控制芯片

声音控制芯片可以通过模数转换器将声波信号转换成一串数字信号，采样存储到计算机中，重放时，这些数字信号被送到一个数模转换器还原为模拟波形，放大后送到扬声器发声。

2. 数字信号处理器（DSP）

DSP 芯片通过编程实现各种功能可以处理有关声音的命令、执行压缩和解压缩程序、增加特殊声效和传真 Modem 等，大大减轻了 CPU 的负担，加速了多媒体软件的执行。但是，低档声卡一般没有安装 DSP，高档声卡才配有 DSP 芯片。

3. CODEC

CODEC 就是多媒体数字信号编解码器，主要负责数字信号转模拟信号（DAC）和模拟信号转数字信号（ADC）。不管是音频加速器，还是 I/O 控制器，它们输入输出的都是纯数字信号，用户要使用声卡上的 Line Out 插孔输出信号的话，信号就必须经过声卡上的 CODEC 的转换处理。可以说，声卡模拟输入输出的品质和 CODEC 的转换品质有着重大的关系，音频加速器或 I/O 控制器决定了声卡内部数字信号的质量。

4. 输入/输出接口

输入/输出接口可将计算机、录像机等的音频信号输入进来，通过自带扬声器播放，还可以通过音频输出接口来连接功放、外接喇叭等。

5. 跳线

跳线是用来设置声卡的硬件设备，包括 CD-ROM 的 I/O 地址、声卡的 I/O 地址的设置。声卡上游戏端口的设置（开或关）、声卡的 IRQ（中断请求号）和 DMA 通道的设置不能与系统上其他设备的设置相冲突，否则，声卡将无法工作甚至导致整个计算机死机。

2.5.3　声卡性能参数详解

本节继续来了解声卡性能以及参数的相关知识。

1. 采样频率

采样频率也称为采样速度或者采样率，定义了每秒从连续信号中提取并组成离散信号的采样个数，用赫兹（Hz）来表示。采样频率的倒数称为采样周期或者采样时间，它是采样之间的时间间隔。通俗地讲，采样频率是指计算机每秒钟采集多少个声音样本，用来描述声音文件的音质、音调，衡量声卡、声音文件的质量。

2. 采样位数

声卡的作用之一是对声音信息进行录制与回放，在这个过程中采样的位数和采样的频率决定了声音采集的质量。采样位数即采样值或取样值，用来衡量声音波动变化的参数，是指声卡在采集和播放声音文件时所使用数字声音信号的二进制位数。采样位数客观地反映了数字声音信号对输入声音信号描述的准确程度。

3. 信噪比

信噪比（Signal to Noise Ratio，SNR），又称为讯噪比，狭义来讲是指放大器的输出信号的电压与同时输出的噪声电压的比值，常常用分贝数表示。一般来说，信噪比越大，说明混在信号里的噪声越小，声音回放的质量越高，否则相反。信噪比一般不应该低于 70dB，高保真音箱的信噪比应达到 110dB 以上。

4. 频率响应

频率响应在电能质量概念中通常是指系统或计量传感器的阻抗随频率的变化。频率响应是指将一个以恒定电压输出的音频信号与系统相连接时，音箱产生的声压随频率的变化而发生增大或衰减、相位随频率而发生变化的现象，这种声压和相位与频率的相关联的变化关系称为频率响应，也叫频率特性。它也指在振幅允许的范围内音响系统能够重放的频率范围，以及在此范围内信号的变化量。

2.5.4　选购声卡

虽然说多媒体时代声卡成为了电脑不可缺少的一个部分,但建议用户在选购声卡时最好根据自己实际的使用需求来选择,而不应该先看价格是多少,牌子是哪家,切不要看到好的声卡就去购买,不要存在盲目追求高档的攀比心理。对于普通的用户来说,集成声卡完全可以满足需要。

2.6 光驱

光驱是计算机用来读写光碟内容的比较常见的一个重要部件。随着多媒体的应用越来越广泛,使得光驱在计算机诸多配件中已经成为标准配置。

目前,光驱可分为 CD-ROM 光驱、DVD 光驱和刻录机等,图 2-13 所示为光驱的外观效果。

图 2-13　光驱外观效果

CD-ROM 光驱又称为致密盘只读存储器,是一种只读的光存储介质;DVD 光驱是一种可以读取 DVD 碟片的光驱;刻录机则可以刻录音像光盘、数据光盘、启动盘等,方便储存数据和携带,同时还能读取数据。

2.6.1　光驱性能指标

首先了解一下影响光驱性能的几个主要指标。

1. 传输速率

数据传输速率(Sustained Data Transfer Rate)是 CD-ROM 光驱最基本的性能指标,该指标直接决定了光驱的数据传输速度,通常以 KB/s 来表示。

最早出现的 CD-ROM 的数据传输速率只有

150KB/s,当时有关国际组织将该速率定为单速,而随后出现的光驱速度与单速标准是一个倍率关系,比如 2 倍速的光驱,其数据传输速率为 300KB/s,4 倍速为 600KB/s,8 倍速为 1200KB/s,12 倍速时传输速率已达到 1800KB/s,依此类推。

2. CPU 占用时间

CPU 占用时间(CPU Loading)指 CD-ROM 光驱在维持一定的转速和数据传输速率时所占用 CPU 的时间。该指标是衡量光驱性能的一个重要指标。

从某种意义上讲,CPU 的占用率可以反映光驱的 BIOS 编写能力。一般情况下,在质量比较好的盘片上,优秀的光驱产品可以尽量减少 CPU 占用率,但是,对于一些磨损非常严重的光盘,即使是优秀的光驱产品,CPU 占用率也会直线上升。因此,如果用户想节约时间,在购买光驱时就必须选购那些读磨损严重光盘能力较强、CPU 占用率较低的光驱。通过测试数据得出,在读质量较好的盘片时,质量较好的光驱与质量较差的光驱的读取成绩相差不会超过两个百分点,但是在读质量不好的盘片时,质量较好的光驱与质量较差的光驱的读取成绩差距就会增大。

3. 高速缓存

高速缓存的作用就是提供一个数据缓冲,它先将读出的数据暂存起来,然后一次性进行传送,目的是解决光驱速度不匹配的问题。

高速缓存指标通常使用 Cache 表示,也有些厂商用 Buffer Memory 表示。高速缓存的容量大小直接影响光驱的运行速度。

4. 平均访问时间

平均访问时间(Average Access Time)即平均寻道时间,是衡量光驱性能的一个标准,是指从检测光头定位到开始读盘这个过程所需要的时间,单位是 ms,该参数与数据传输速率有关。

5. 容错性

尽管目前高速光驱的数据读取技术已经趋于成熟,但仍有一些产品为了提高容错性能,采取调大激光头发射功率的办法来达到纠错的目的,这种办法最大的弊病就是人为地造成激光头过早老化，减少产品的使用寿命。

6. 稳定性

稳定性是指一部光驱在较长的一段时间（至少一年）内能保持稳定的、较好的读盘能力。

2.6.2　选购光驱

与选购其他计算机硬件设备一样，在选购光驱时，首先要看品牌，这是选择光驱的关键，一般情况下，大品牌的光驱质量都较好；其次看光驱的技术参数，最重要的是看读写速度，速度越快的光驱越好；再次就是看光驱是否有良好的兼容性、纠错能力以及防噪声的能力，也就是说要关注产品的性能；最后要看是内置光驱还是外置光驱，内置光驱节省空间，性能比较好，外置光驱速度慢一点，性能不太稳定，但是携带方便，密封性和散热性好。

▌2.7▌电源

计算机电源是一种安装在主机箱内的封闭式独立部件，也称电源供应器，它的作用是将交流电通过一个开关电源变压器转换为+5V、−5V、+12V、−12V、+3.3V 等稳定的直流电，以供应计算机主机箱内主板、CPU、硬盘及各种适配器扩展卡等部件使用。

计算机电源提供计算机中所有部件所需的电能，因此，电源功率的大小、电流和电压是否稳定，将直接影响计算机的工作性能和使用寿命。

图 2-14 所示为计算机电源的外观效果。

图 2-14　计算机电源外观效果

2.7.1　计算机电源的种类

计算机电源一般有 AT 电源、ATX 电源、Micro ATX 电源以及 BTX 电源 4 种类型，下面对其进行一一讲解。

1. AT 电源

AT 电源应用在 AT 机箱内，其功率一般在 150～250W 之间，共有 4 路输出（±5V、±12V），另外向主板提供一个 PG（接地）信号。输出线为 2 个 6 芯插座和若干个 4 芯插头，其中 2 个 6 芯插座为主板提供电力。AT 电源采用切断交流电网的方式关机，不能实现软件开关机。

2. ATX 电源

ATX 电源和 AT 电源相比较，最明显的区别就是增加了±3.3V 和+5V Standby 两路输出和一个 PS-ON 信号，并将电源输出线改为一个 20 芯的电源线为主板供电，在外形规格和尺寸方面并没有太大的变化。

3. Micro ATX 电源

Micro ATX 电源是 Intel 公司在 ATX 电源的基础上改进的，其主要目的就是降低制作成本。最显著的变化是体积减小、功率降低。

4. BTX 电源

BTX 电源是在 ATX 的基础上进行升级得到的，它包含有 ATX12V、SFX12V、CFX12V 和 LFX12V 4 种电源类型。其中，ATX12V 针对的是标准 BTX 结构的全尺寸塔式机箱，可为用户升级计算机提供方便。

2.7.2　计算机电源的性能参数

计算机电源的性能参数主要包括额定功率、效率以及可承受的电压范围，这对于选购计算机电源非常重要。

1. 额定功率、效率

额定功率是指电源能达到的最大负荷。电源功率在 300W 左右的电源可满足普通用户的需求。

现在常见的计算机电源一般都在 250W 以上，长城公司生产的金牌巨龙 GW-EPS1250DA 电源，电源功率已达 1250W。随着计算机可以连接的设备越来越多，随之需要电源的功率越来越大。电源的效率是指电源的输出功率与输入功率的百分比。一般情况下电源的效率应该在 70%以上。

2. 承受电压范围

有的地区电压不够稳定，这就要求电源可以承受的电压范围比较宽，在电压过低和电压过高时仍然能稳定地提供电能，保证电脑的正常运行。当输出电压超过额定值或者负载过大时，电源会迅速自动关闭，以防烧毁供电设备。

2.7.3 计算机电源的选购技巧

随着计算机技术的不断发展，计算机的配件也越来越多，配件的功耗也是越来越大，如 CPU、显卡、硬盘、光驱、主板等都是耗电大户。另外主板上还插着各种各样的扩展卡，如电视卡、网卡、声卡、USB 扩展卡等。这么多设备如果没有一个优质电源提供保障，是难以正常运行的，因此，在选购计算机电源时需要注意以下几个方面。

1. 噪声和滤波

这项指标需要通过专业仪器才能直观量化判断。220V 交流电经过开关电源的滤波和稳压变换成各种低电压的直流电，噪声标志着输出直流电的平滑程度；滤波品质的高低直接关系到输出直流电中交流分量的高低，也被称为波纹系数，这个系数越小越好。同时滤波电容的容量和品质也关系到电流有较大变动时电压的稳定程度。

2. 做工和用料

好的电源拿在手里感觉厚重有分量，散热片要够大且比较厚，而且好的散热片一般用铝或铜为材料。看电源线是否够粗，粗的电源线输出电流损耗小，输出电流的质量可以得到保证。普通用户不一定要追求高功率的电源。

3. 安全认证

优质的电源一般具有 FCC、美国 UL 和中国长城等多国认证标志。这些认证是认证机构根据行业内技术规范对电源制定的专业标准，包括生产流程、电磁干扰、安全保护等。凡是符合一定指标的产品在申报认证通过后，才能在包装和产品表面使用认证标志，具有一定的权威性。

4. 负载变化率

计算机电源的输出是多路输出，每一路输出有一定的范围和规格。用户在使用时因需求或配置不同，会出现各种各样的偏差。电源应该保证不致于因为使用负载的不同而产生输出不稳定或超出规定范围值。

5. 其他因素

除此之外，还有一些因素需要注意，例如线路调整率、各类保护等也应加以考虑。比如过压、过流及短路保护，这是所有电源都应具备的基本电源保护功能，只有当电源具备完善可靠的保护功能,才可避免烧坏计算机和电源本身。

2.8 机箱

机箱是计算机的重要组成部分。机箱内部可以放置主板、电源、散热风扇等计算机的基本组成部件，起到承托和保护作用。此外，计算机机箱具有屏蔽电磁辐射的重要作用。

机箱一般包括外壳、支架、面板上的各种开关、指示灯、风扇等。外壳用钢板和塑料结合制成，硬度高，主要起保护机箱内部元件的作用；支架主要用于固定主板、电源和各种驱动器；指示灯显示计算机的运行情况，而自带风扇的主要作用是加快空气流动，给机箱内部各器件降温。

图 2-15 所示为计算机机箱的外观效果。

图 2-15　机箱内部构造

2.8.1　机箱种类

计算机机箱的种类很多，目前市场上普遍使用的是 AT、ATX、Micro ATX 以及最新的 BTX 等机箱，下面对其进行一一介绍。

1. AT 机箱与 ATX 机箱

AT 机箱的全称应该是 Baby AT，主要应用于只能安装 AT 主板的早期机器中。而 ATX 机箱是目前最常见的机箱，支持现在绝大部分类型的主板。

2. Micro ATX 机箱

Micro ATX 机箱是在 AT 机箱的基础之上发展而来的，目的是进一步的节省桌面空间，因而比 ATX 机箱体积要小一些，现在仅用在一些品牌机。各个类型的机箱只能安装其支持的类型的主板，一般不能混用，而且电源也有所差别。所以大家在选购时一定要注意。

3. BTX 机箱

BTX 机箱是最新推出的。BTX 是 Balanced Technology Extended 的简称，是 Intel 定义并引导的桌面计算平台新规范。BTX 机箱与 ATX 机箱最明显的区别在于把以往只在左侧开启的侧面板，改到了右侧。BTX 架构可支持下一代计算机的新外形，使行业能够在散热管理、系统尺寸和形状以及噪声方面实现最佳平衡。

BTX 新架构的特点：支持 Low-profile，也即窄板设计，系统结构将更加紧凑；针对散热和气流的运动，对主板的线路布局进行了优化设计；主板的安装将更加简便，机械性能也经过了最优

化设计。基本上，BTX 架构分为 3 种，分别是标准 BTX、Micro BTX 和 Pico BTX。

2.8.2　计算机机箱的选购

在选购计算机机箱时，应尽量选择一个既美观又质优的机箱，这样才能给机箱内的设备提供一个良好的环境，让计算机中的设备正常工作。

选购机箱时需要注意以下几个方面。

1. 防辐射能力

选购机箱时要看是否符合 EMI-B 标准，也就是要看防电磁辐射干扰能力是否达标。电磁对电网的干扰会对电子设备造成不良影响，也会给人体健康带来危害。

2. 机箱材料

机箱的外部应该是由一层 1mm 以上的钢板构成，并镀有一层经过冷锻压处理过的 SECC 镀锌钢板。采用这种材料制成的机箱电磁屏蔽性好、抗辐射、硬度大、弹性强、耐冲击腐蚀、不容易生锈。机箱的前面板应该采用 ABS 工程塑料制作。这种塑料硬度比较高，制造出来的机箱前面板结实稳定，长期使用不褪色、不开裂，擦拭时也比较方便。

3. 选择品牌机箱

购买机箱时需注意选择有名气的品牌厂家，因为著名品牌厂家的产品虽然价格会高一些，但是产品质量绝对不缩水。这些生产机箱的名牌厂家同时也生产电源，因此选购机箱时也可以将电源一起购买。

4. 散热性能及防尘功能

散热性能良好的机箱通常拥有大面积冲网设计，再搭配上进风、出风的多个风扇，构建起良好的机箱内部风道，从而能够更快地带走机箱内部硬件所产生的废热，并将冷空气吸纳进机箱，改善机箱的内部环境，达到有效降温的效果。但是机箱的箱体上如果有大面积的镂空，并且伴随着进风风扇的作用，会有大量的灰尘进入到机箱内部，造成灰尘堆积的现象，影响硬件产品的正

常工作。在风道进风处添加防尘网就可以有效地避免灰尘进入，为机箱的内部清洁做贡献，并且可以避免硬件受灰尘的影响。因此，在购买机身上有大面积镂空的机箱的时候，一定要看风道的走线，并看在进风的镂空处，是否有防尘网的设计。

5. 散热能力可升级性

因为通常机箱的使用寿命都比较长，而 CPU 及显卡等硬件设备的更新换代则比较频繁，而且随着性能的增长，发热量也势必增大，为了避免将来升级硬件产品的同时还需升级机箱的麻烦，所以在选购时应该考虑机箱是否还具备在散热方面的升级能力。当然，除了风冷散热升级外，机箱配备水冷设备的安装位置才会更加合理。

2.9 硬盘

硬盘是计算机中必不可少的存储设备，它由一个或者多个铝制或者玻璃制的碟片组成，这些碟片外覆盖有铁磁性材料。

目前计算机中所使用的硬盘绝大多数都是固定硬盘，被永久性地密封固定在硬盘驱动器中，操作系统、用户的文件等都被保存在硬盘里面。随着计算机技术的不断进步，现在硬盘的存储容量越来越大，速度也更快了，但是价格却越来越低。

图 2-16 所示为计算机硬盘的外部结构。

图 2-16　硬盘外部结构

2.9.1　了解硬盘的结构

从外观看，计算机硬盘是一个铁质的四方铁盒，当打开硬盘封闭的外壳后，会看到硬盘的内部结构，如图 2-17 所示。硬盘的内部结构主要包括盘体、驱动臂、寻道电机、磁头、主轴电机等部分。

图 2-17　硬盘内部结构

下面对计算机硬盘的内部结构进行讲解。

1. 磁头

磁头是硬盘内部结构中最关键、最重要的一部分。磁头负责读取与写入数据时与盘片表面的磁性物质发生作用。

传统的磁头是读写合一的电磁感应式磁头，但是硬盘的读、写却是两种截然不同的操作，为此，这种二合一磁头在设计时必须要同时兼顾到读/写两种特性，从而造成了硬盘运行速度上的局限。而 MR 磁头（即磁阻磁头）采用的是分离式的磁头结构：写入磁头仍采用传统的磁感应磁头（MR 磁头不能进行写操作），读取磁头则采用新型的 MR 磁头，即所谓的"感应写、磁阻读"。这样，在设计时就可以针对两者的不同特性分别进行优化，以得到最好的读/写性能。另外，MR 磁头是通过阻值变化而不是电流变化去感应信号幅度，因而对信号变化相当敏感，读取数据的准确性也相应提高。而且由于读取的信号幅度与磁道宽度无关，故磁道可以做得很窄，从而提高了盘片密度，达到 200 兆位每平方英寸，而使用传统的磁头只能达到 20 兆位每平方英寸，这也是 MR 磁头被广泛应用的最主要原因。

GMR 磁头（巨磁阻磁头）与 MR 磁头一样，是利用特殊材料的电阻值随磁场变化的原理来读取盘片上的数据，但是 GMR 磁头使用了磁阻效应更好的材料和多层薄膜结构，比 MR 磁头更为敏感，相同的磁场变化能引起更大的电阻值变化，从而可以实现更高的存储密度。现有的 MR 磁头能够达到的盘片密度为 5000 兆位每平方英寸，而 GMR 磁头可以达到 40000 兆位每平方英寸以上。目前 GMR 磁头已经处于成熟推广期，在今后它将会逐步取代 MR 磁头，成为最流行的磁头技术。

2. 盘体

盘体是由一个或者多个盘片重叠在一起组成的，是数据存储的载体，所有的数据都存在盘体里面。盘体主要有磁面、磁道、柱面和扇区组成。

- ◆ 磁道：当磁盘旋转时，磁头若保持在一个位置上，则每个磁头都会在磁盘表面划出一个圆形轨迹，这些圆形轨迹就叫作磁道。这些磁道用肉眼是看不到的，因为它们仅是盘面上以特殊方式磁化了的一些区域，磁盘上的信息便是沿着这样的轨道存放的。相邻磁道之间并不是紧挨着的，这是因为磁化单元相隔太近时磁性会相互影响，同时也为磁头的读写带来困难。一个硬盘上面有成千上万个磁道。

- ◆ 扇区：磁盘上的每个磁道被等分为若干个弧段，这些弧段便是磁盘的扇区，每个扇区可以存放 512 个字节的信息。磁盘驱动器在向磁盘读取和写入数据时，要以扇区为单位。

- ◆ 柱面：硬盘通常由重叠的一组盘片构成，每个盘面都被划分为数目相等的磁道，并从外缘的 "0" 开始编号，具有相同编号的磁道形成一个圆柱，称为磁盘的柱面。磁盘的柱面数与一个盘单面上的磁道数是相等的。

只要知道了硬盘的柱面、磁头和扇区的数目，即可确定硬盘的容量。硬盘的容量=柱面数×磁头数×扇区数×512B。

3. 主轴电机

主轴是能带动硬盘盘体转动的设备，是十分精密的元件，它能够带动硬盘达到相当高的运转速度。主轴能达到的转速也是评价硬盘功能的一个重要参数。目前主流硬盘的转速为 7200 转/分钟。

4. 寻道电机、驱动臂

寻道电机带动磁头在盘体上寻道，而驱动臂的作用是把磁头和寻道电机连接在一起。

2.9.2　硬盘的分类

硬盘数据接口可分为 IDE 接口、SATA 接口、SCSI 接口、光纤通道接口和 SAS 接口等，下面进行一一讲解。

1. IDE 接口

IDE 的英文全称为 "Integrated Drive Electronics"，即 "电子集成驱动器"，俗称 PATA 并口。IDE 硬盘的本意是指把硬盘控制器与盘体集成在一起的硬盘驱动器。把盘体与控制器集成在一起的做法减少了硬盘接口的电缆数目与长度，数据传输的可靠性得到了增强，硬盘制造起来变得更容易。对用户而言，硬盘安装起来很方便。IDE 接口技术从诞生至今就一直在不断发展，性能也不断提高，且价格低廉、兼容性强。

2. SATA 接口

使用 SATA（Serial ATA）接口的硬盘又叫串口硬盘。2001 年，由 Intel、APT、Dell、IBM、希捷、迈拓这几大厂商组成的 Serial ATA 委员会正式确立了 Serial ATA 1.0 规范，2002 年，虽然 Serial ATA 的相关设备还未正式上市，但 Serial ATA 委员会已抢先确立了 Serial ATA 2.0 规范。Serial ATA 采用串行连接方式，总线使用嵌入式时钟信号，具备了更强的纠错能力，与以往相比最大的区别在于能对传输指令（不仅仅是数据）进行检查，如果发现错误会自动矫正，这在很大程度上提高了数据传输的可靠性。串行接口还具有结构简单、支持热插拔的优点。热插拔（hot-plugging 或 Hot Swap）即带电插拔，允许用户在不关闭系统、不切断电源的情况下取出和更换损坏的硬盘、电源或板卡等部件，从而提高了系统的灾难及时恢复能力、扩展性和灵活性。

SATA Ⅱ是芯片巨头 Intel 与硬盘巨头希捷在 SATA 的基础上发展起来的，其主要特征是外部传输速率从 SATA 的 150MB/s 进一步提高到了 300MB/s，此外还包括 NCQ（Native Command Queuing，原生命令队列）、端口多路器（Port Multiplier）、交错启动（Staggered Spin-up）等一系列技术特征。但是并非所有的 SATA 硬盘都可以使用 NCQ 技术，除了硬盘本身要支持 NCQ 之外，也要求主板芯片组的 SATA 控制器支持 NCQ。

SATA Ⅲ正式名称为 "SATA Revision 3.0"，是 Serial ATA 国际组织（SATA-IO）在 2009 年 5 月发布的新版规范，其传输速度翻番达到 6Gbit/s（600MB/s），同时向下兼容旧版规范 "SATA Revision 2.6"（也就是现在俗称的 SATA3Gbit/s），接口、数据线都没有变动。

3. SCSI 接口

SCSI 的英文全称为 "Small Computer System Interface"，即小型计算机系统接口，是同 IDE、SATA 完全不同的接口。IDE 接口是普通 PC 的标准接口，而 SCSI 并不是专门为硬盘设计的接口，是一种广泛应用于小型机上的高速数据传输接口技术。SCSI 接口具有应用范围广、多任务、带宽大、CPU 占用率低以及热插拔等优点，但较高的价格使得它很难如 IDE 硬盘般普及，因此 SCSI 硬盘主要应用于中、高端服务器和高档工作站中。

4. 光纤通道接口

光纤通道（Fiber Channel）和 SCIS 接口一样，最初也不是为硬盘设计开发的接口技术，而是专门为网络系统设计的，但随着存储系统对速度的需求，才逐渐应用到硬盘系统中。光纤通道硬盘是为提高多硬盘存储系统的速度和灵活性才开发的，它的出现大大提高了多硬盘系统的通信速度。光纤通道的主要特性有：热插拔性、高速带宽、远程连接、连接设备数量大等。

光纤通道是为了像服务器这样的多硬盘系统环境而设计，能满足高端工作站、服务器、海量

存储子网络、外设间数据通信等系统对高数据传输率的要求。

5. SAS 接口

SAS（Serial Attached SCSI）即串行连接 SCSI，是新一代的 SCSI 技术，和现在流行的 Serial ATA（SATA）硬盘相同，都是采用串行技术以获得更高的传输速度，并通过缩短连接线改善内部空间。SAS 是并行 SCSI 接口之后开发出的全新接口。此接口的设计是为了改善存储系统的效能、可用性和扩充性，并且提供与 SATA 硬盘的兼容性。

2.9.3 硬盘性能参数详解

硬盘的主要性能参数包括硬盘的容量、转速、平均寻道时间、传输速率、缓存等，下面进行一一讲解。

1. 容量

容量是硬盘主要的参数之一，决定着计算机的数据存储量多少。现在硬盘的容量基本上都在 180GB 以上，希捷 Barracuda 硬盘容量达到 3TB（1T=1024G）。

硬盘的容量以兆字节（MB）或千兆字节（GB）为单位。硬盘厂商通常使用的是 GB，同时它们以 1GB=1000MB 来换算，而 Windows 系统依旧以 1GB=1024MB 来换算。这就是为什么 BIOS 中或在格式化硬盘时看到硬盘的容量会比厂家的出厂标值要小。

硬盘的容量指标还包括硬盘的单碟容量。所谓单碟容量是指硬盘单片盘片的容量。硬盘一般由一个或者多个盘片组成，单碟容量就是一个盘片所能存储的最大数据量。硬盘厂商在增加硬盘容量的时候通常有两种方法：一种是增加硬盘的存储盘片的数量；另外一种就是增加单碟的容量。

2. 转速

转速（Rotational Speed 或 Spindle Speed），是硬盘内主轴电机的旋转速度，也就是硬盘盘片在一分钟内所能完成的最大转数。转速的快慢是标示硬盘档次的重要参数之一，也是决定硬盘内

部传输率的关键因素之一，在很大程度上直接影响到硬盘的速度。硬盘的转速越快，硬盘寻找文件的速度也就越快，相对的硬盘的传输速度也就得到了提高。硬盘转速以每分钟多少转来表示，单位表示为 RPM，RPM 是 Revolutions Per Minute 的缩写，即转/每分钟。RPM 值越大，内部传输率就越快，访问时间就越短，硬盘的整体性能也就越好。

普通硬盘的转速一般有 5400RPM、7200RPM 等几种，甚至还有 15000RPM。高转速硬盘也是现在台式机用户的首选。较高的转速可缩短硬盘的平均寻道时间和实际读写时间，但随着硬盘转速的不断提高也带来了产生热量增大、电机主轴磨损加大、工作噪声增大等负面影响。

3．平均访问时间

平均访问时间是指磁头从起始位置到达目标磁道位置，并且从目标磁道上找到要读写的数据所需的时间。

平均访问时间体现了硬盘的读写速度，它包括了硬盘的寻道时间和等待时间，即：平均访问时间=平均寻道时间+平均等待时间。

硬盘的平均寻道时间（Average Seek Time）是指硬盘的磁头移动到盘面指定磁道所需的时间。这个时间越小越好，目前硬盘的平均寻道时间通常在 8～12ms 之间，而 SCSI 硬盘则应小于或等于 8ms。

硬盘的等待时间，又叫潜伏期（Latency），是指磁头已处于要访问的磁道，等待所要访问的扇区旋转至磁头下方的时间。平均等待时间为盘片旋转一周所需的时间的一半，一般应在 4ms 以下。

4．传输速率

传输速率（Data Transfer Rate）即硬盘的数据传输率，是指硬盘读写数据的速度，单位为兆字节每秒（MB/s）。硬盘数据传输率又包括了内部数据传输率和外部数据传输率。

内部传输率（Internal Transfer Rate）也称为持续传输率（Sustained Transfer Rate），它反映了硬盘缓冲区未用时的性能。内部传输率主要依赖于硬盘的旋转速度。

外部传输率（External Transfer Rate）也称为突发数据传输率（Burst Data Transfer Rate）或接口传输率，它标称的是系统总线与硬盘缓冲区之间的数据传输率。外部数据传输率与硬盘接口类型和硬盘缓存的大小有关。

5．缓存

缓存（Cache memory）是硬盘控制器上的一块内存芯片，具有极快的存取速度，它是硬盘内部存储和外界接口之间的缓冲器。现在常见的硬盘缓存一般为 16MB、32MB、64MB。由于硬盘的内部数据传输速度和外界介质传输速度不同，缓存在其中起到一个缓冲的作用。缓存的大小与速度直接关系到硬盘的传输速度，能够大幅度地提高硬盘整体性能。当硬盘存取零碎数据时需要不断地在硬盘与内存之间交换数据，有了缓存，就可以将那些零碎数据暂存在缓存中，减小系统的负荷，也提高了数据的传输速度。

2.9.4　固态硬盘

除了常见的普通计算机硬盘之外，还有一种固态硬盘，这类硬盘是用固态电子存储芯片阵列而制成的硬盘，由控制单元和存储单元组成。固态硬盘的接口规范和定义、功能及使用方法与普通硬盘完全相同，在产品外形和尺寸上也完全与普通硬盘一致，如图 2-18 所示。

图 2-18　固态硬盘

固态硬盘的存储介质分为两种，一种采用闪存（FLASH 芯片）作为存储介质，另外一种采用 DRAM 作为存储介质。

基于闪存的固态硬盘是固态硬盘的主要类别，其内部构造十分简单，其实就是一块印制电路板，而这块印制电路板上最基本的配件就是控制芯片、缓存芯片（部分低端硬盘无缓存芯片）和用于存储数据的闪存芯片。

与传统的硬盘相比，固态硬盘主要有以下几个特点。

◆ 读写速度快。采用闪存作为存储介质，读取速度相对机械硬盘更快。固态硬盘不用磁头，寻道时间几乎为 0。持续写入的速度非常惊人，固态硬盘厂商大多宣称自家的固态硬盘持续读写速度超过了 500MB/s。固态硬盘的快绝不仅仅体现在持续读写上，随机读写速度快才是固态硬盘的终极奥义，这直接体现在绝大部分的日常操作中。与之相关的还有极低的存取时间，最常见的 7200 转机械硬盘的寻道时间一般为 12～14ms，而固态硬盘可以轻易达到 0.1ms 甚至更低。

◆ 低功耗、无噪声、抗震动、低热量、体积小、工作温度范围大。固态硬盘没有机械马达和风扇，工作时噪声值为 0dB。基于闪存的固态硬盘在工作状态下能耗和发热量较低（但高端或大容量产品能耗会较高）。内部不存在任何机械活动部件，不会发生机械故障，也不怕碰撞、冲击、振动。普通的硬盘只能在 5～55℃范围内工作，而大多数固态硬盘可在-10～70℃工作。固态硬盘比同容量机械硬盘体积小、重量轻，因此被广泛应用于军事、车载、工业、医疗、航空等领域。

◆ 价容比偏高。这里指的是价格和容量的比，相比固态硬盘，机械硬盘的价容比的确非常低。比如曾经机械硬盘 1TB 价格在 700 元左右，平均 0.7 元/GB，而 128GB 固态硬盘大约为 750 元，平均 5.8 元/GB。

◆ 寿命限制。固态硬盘闪存具有擦写次数限制的问题，这也是许多人诟病其寿命短的所在。闪存完全擦写一次叫做 1 次 P/E，

因此闪存的寿命就以 P/E 作为单位。34nm 的闪存芯片寿命约是 5000 次 P/E，而 25nm 的寿命约是 3000 次 P/E。是不是看上去寿命更短了？理论上是这样，但随着 SSD 固件算法的提升，新款 SSD 能提供更少的不必要写入量。再来一个具体的例子，一款 120GB 的固态硬盘，要写入 120GB 的文件才算做一次 P/E。普通用户正常使用，即使每天写入 50GB，平均 2 天完成一次 P/E，那么一年就有 180 次 P/E。大家可以自行计算 3000 个 P/E 能用几年。

2.9.5 硬盘的选购技巧

了解了硬盘的类型、性能参数等知识之后，用户在选购硬盘时，就可以关注硬盘的容量、转速、寻道时间等指标。通过这些指标，选购一款自己满意的、性价比高的硬盘。

1. 容量

容量是选购硬盘最为直观的参数。由于软件越来越庞大，种类也越来越多，使得存放在硬盘里面的数据也越来越多，所以最好选择一个容量相对来说大一点的，比如选择一个 320GB 的硬盘，完全可以满足需求。

2. 硬盘数据缓存及寻道时间

对于大缓存的硬盘，在存取零碎数据时具有非常大的优势。如果有大缓存，则可以将那些零碎数据暂存在缓存中，这样一方面可以减小系统的负荷，另一方面也提高了硬盘数据的传输速度。平均寻道时间是越小越好，更短的寻道时间意味着硬盘能更快地传输数据。

3. 硬盘的转速

硬盘的转速是决定硬盘内部传输率的因素之一，硬盘转速的快慢在很大程度上决定了硬盘的速度。如今 IDE 硬盘的转速多为 5400 RPM 与 7200 RPM。从目前情况来看，7200 RPM 硬盘是市场的主流，希捷新出的硬盘转速达 15000RPM。理论上转速越大越好。

2.10　上机与练习

1. 单项选择题

（1）CPU（Central Processing Unit）的中文名称是（　　），是一台计算机的运算核心和控制核心，负责整个系统的协调、控制以及程序运行。

  A. 中央处理器　　B. 内存

  C. 显卡　　 D. 硬盘

（2）（　　）是指可以进行高速数据交换的存储器，它要早于内存和 CPU 交换数据。

  A. 缓存　　 B. 内存

  C. 主频　　 D. 外频

（3）（　　）是计算机最基本的也是最重要的部件之一，担负着操控和协调 CPU、内存、显卡、硬盘等元件合并为一个系统来协同工作的任务。

  A. CPU　　 B. 主板

  C. 内存　　 D. 硬盘

（4）（　　）也被称为内存储器，其作用是暂时存放 CPU 中的运算数据以及与硬盘等外部存储器交换的数据。

  A. 内存　　 B. 缓存

  C. 一级缓存　　D. 显卡

（5）（　　）作为计算机主机里的一个重要组成部分，承担输出显示图形的任务。

  A. 显卡　　 B. 内存

  C. 硬盘　　 D. CPU

（6）（　　）主要功能是暂时储存显示芯片要处理的数据和处理完毕的数据。

  A. 显存　　 B. 内存

  C. 缓存　　 D. 二级缓存

（7）（　　）是显存在一个时钟周期内所能传送数据的位数，位数越大则瞬间所能传输的数据量越大，这是显存的重要参数之一。

  A. 显卡频率　　B. 显存位宽

  C. 显卡容量　　D. 显卡核心频率

（8）（　　）作为计算机的一部分，其内部可以放置主板、电源、散热风扇等部件，起到承托和保护作用，此外，它还具有屏蔽电磁辐射的重要作用。

  A. 机箱　　 B. 主板

  C. 显卡　　 D. 硬盘

（9）（　　）是计算机必不可缺少的存储设备，由一个或者多个铝制或者玻璃制的碟片组成。

  A. 硬盘　　 B. 内存

  C. 缓存　　 D. 显卡

（10）（　　）是硬盘内部结构中最关键、最重要的一部分，它主要负责读取与写入数据时与盘片表面的磁性物质发生作用。

  A. 磁头　　 B. 盘体

  C. 电机　　 D. 驱动臂

2. 多项选择题

（1）CPU 主要有两种插槽类型，分别是（　　）和（　　）。

  A. Slot 类型　　B. Socket 类型

  C. ATX 类型　　D. BTX 类型

（2）下列选项中属于主板的芯片组的有（　　）。

  A. BIOS 芯片

  B. 南桥芯片

  C. 北桥芯片

  D. 磁盘阵列控制芯片

（3）内存主要是由下面哪几个部分组成的（　　）。

  A. 内存芯片　　B. 电路板

  C. 金手指　　 D. AGP 插槽

（4）对于内存性能的高低，用户可以从以下哪几个方面判断（　　）。

  A. 内存主频　　B. CAS 延迟时间

  C. 内存容量　　D. 内存电压

（5）打开硬盘封闭的外壳，会看到硬盘的内部结构。硬盘的内部结构主要包括以下哪几个部分（　　）。

  A. 盘体　　 B. 驱动臂

  C. 寻道电机　　D. 磁头

（6）硬盘的主要性能参数包括以下哪些功能（　　）。

  A. 容量　　 B. 转速

  C. 传输速率　　D. 平均寻道时间

第 **3** 章

计算机外部设备
详解与选购

📖 学习目标

学习计算机外部设备的相关知识，理解相关设备的分类、组成、性能参数以及选购。计算机的外部设备主要包括显示器、鼠标、键盘、音箱、打印机、扫描仪等，本章主要介绍这些设备的组成、性能参数及选购技巧。

📖 学习重点

熟悉显示器、鼠标、打印机的分类；掌握 CRT 显示器、LCD 显示器、鼠标、音箱的性能参数；了解显示器、鼠标、键盘、音箱、打印机、扫描仪的选购。

📖 主要内容

◆ 显示器的分类、性能参数、选购
◆ 鼠标的分类、参数、选购
◆ 键盘的构造、拓展功能、选购
◆ 音箱的内部构成、参数、选购
◆ 打印机的分类、选购
◆ 扫描仪的性能参数、选购

3.1 显示器

显示器是一种将一定的数据通过特定的传输设备显示到屏幕上再反射到人眼的显示工具，属于计算机的重要输出设备，也是使用者每天都要面对的部件。这一节我们来了解计算机中显示器的种类、性能参数以及显示器的选购技巧等相关内容。

3.1.1 显示器的分类

根据计算机显示器的性能等技术指标来分，主要有 CRT 显示器、LCD 显示器、LED 显示器、等离子显示器等，比较常用的是 LCD 显示器和CRT 显示器。根据显示器的品牌来分，主要有长城、华硕、明基、HKC、AOC、宏碁、LG、戴尔、海尔、海信、联想、清华紫光、TCL、奇美、飞利浦、苹果、三星等品牌。

1. CRT 显示器

CRT 显示器是一种使用阴极射线管的显示器，其工作原理是在一个真空的显像管中由电子枪发出射线激发屏幕上的荧光粉呈现出彩色的光点，再由大量光点成像。阴极射线管主要有 5 部分组成：电子枪（Electron Gun）、偏转线圈（Deflection coils）、荫罩（Shadow mask）、荧光粉层（Phosphor）及玻璃外壳。CRT 显示器是目前应用最广泛的显示器之一，CRT 纯平显示器具有可视角度大、无坏点、色彩还原度高、色度均匀、可调节的多分辨率模式、响应时间极短等LCD 显示器难以超过的优点，而且现在的 CRT 显示器价格要比 LCD 显示器价格低很多。

图 3-1 所示为 CRT 显示器的外观效果。

图 3-1　CRT 显示器的外观

2. LCD 显示器

LCD 显示器是 Liquid Crystal Display 的简称，为平面超薄的显示设备，它由一定数量的彩色或黑白像素组成，放置于光源或者反射面前方。LCD 显示器的工作原理：在显示器内部有很多液晶粒子，它们有规律地排列成一定的形状，并且它们每一面的颜色都不同，分为红色、绿色、蓝色。这三原色能被还原成任意的其他颜色，当显示器收到电脑的显示数据时会控制每个液晶粒子转动到不同颜色的面，来组合成不同的颜色和图像。简单地说就是电流刺激液晶分子产生点、线、面配合背部灯管构成画面。

LCD 显示器即液晶显示器，优点是机身薄、占地小、辐射小，给人一种健康产品的形象，但液晶显示屏不一定可以保护到眼睛，这需要看各人使用计算机的习惯。图 3-2 所示为 LCD 显示器的外观效果。

图 3-2　LCD 显示器的外观

LCD 显示器相对于 CRT 显示器来说，主要有以下几个方面的优势。

- 节省空间：与比较笨重的 CRT 显示器相比，同样尺寸的 LCD 显示器只有 CRT 显示器三分之一的空间大小。
- 节能：LCD 显示器属于低耗电产品，可以做到完全不发热（主要耗电和发热部分存在于背光灯管），而 CRT 显示器，因显像技术不可避免产生高温。
- 低辐射：LCD 显示器的辐射远低于 CRT 显示器（仅仅是低，并不是完全没有辐射，电子产品多多少少都有辐射），这对于整天在电脑前工作的人来说是一个福音。

◆ 画面柔和: LCD 显示器画面不会闪烁, 可以减少显示器对眼睛的伤害, 眼睛不容易疲劳。

3. LED 显示器

LED 显示器通过控制半导体发光二极管的显示方式来显示文字、图形、图像、动画、行情、视频、录像信号等各种信号。LED 的技术进步是扩大市场需求及应用的最大推动力。最初, LED 只是作为微型指示灯, 在计算机、音响和录像机等高档设备中应用, 随着大规模集成电路和计算机技术的不断进步, LED 显示器逐渐扩展到证券行情股票机、数码相机、PDA 以及手机领域。

4. 等离子显示器

等离子显示器又称电浆显示器, 是继 CRT (阴极射线管)、LCD (液晶显示器)后的最新一代显示器, 其特点是厚度极薄、分辨率佳。从工作原理上讲, 等离子体技术同其他显示方式相比, 在结构和组成方面领先一步。其工作原理类似普通日光灯和电视彩色图像, 是由各个独立的荧光粉像素发光组合而成, 因此图像鲜艳、明亮、干净而清晰。另外, 等离子体显示设备最突出的特点是可做到超薄, 可轻易做到 40 英寸以上的完全平面大屏幕, 而厚度不到 100 毫米 (实际上这也是它的一个弱点, 即不能做得较小, 目前成品最小只有 42 英寸, 只能面向大屏幕需求的用户和家庭影院等方面)。

3.1.2 CRT 显示器的性能参数

下面继续了解CRT显示器的性能参数等知识。

1. 屏幕尺寸及可视尺寸

CRT 显示器屏幕尺寸是显像管实际尺寸, 也是通常所说的显示器尺寸, 是指显示区域对角线的长度, 单位为英寸 (1 英寸=25.4 毫米)。可视尺寸是看到的实际显示器的屏幕大小。屏幕尺寸和可视尺寸是两个概念, 实际看到的显示器的可视尺寸远比屏幕尺寸小。一般的 17 英寸显示器的可视尺寸大约在 16 英寸; 19 英寸的显示器, 其可视尺寸大约为 18 英寸。

2. 分辨率

分辨率就是屏幕图像的密度, 是指显示器所能显示的像素的多少。可以把显示器想象成一个大型的棋盘, 而分辨率的表示方式就是每一条水平线上面点的数目乘上水平线的数目。以分辨率为 1024×768 像素的屏幕来说, 即每一条线上包含有 1024 个像素点, 且共有 768 条线, 即扫描列数为 1024 列, 行数为 768 行。分辨率越高, 屏幕上所能呈现的图像也就越精细。分辨率不仅与显示尺寸有关, 还受显像管点距、视频带宽等因素的影响。其标准的刷新频率应该是 75Hz 或更高, 知道分辨率、点距和最大显示宽度就能得出像素值。

3. 点距

点距主要是对使用孔状荫罩来说的, 是荧光屏上两个同样颜色荧光点之间的距离。举例来说, 点距就是一个红色荧光点与相邻红色荧光点之间的对角距离, 通常以毫米 (mm) 表示。点距越小, 影像看起来也就越精细, 其边和线也就越平顺。现在的 15/17 英寸显示器的点距必须低于 0.28, 否则显示图像会模糊。

4. 视频带宽、场频及行频

视频电路的特征主要包括视频带宽、场频和行频。这些特征是一台显示器的硬指标, 并且很大程度上决定了一台显示器的档次。

视频带宽是指视频放大电路可出来的视频范围, 是显示器非常重要的一个参数, 能决定显示器性能的好坏。带宽越宽, 惯性就越小, 响应速度就越快, 允许通过的信号频率就越高, 信号失真越小, 它反映了显示器解析图像的能力。计算公式为: 带宽=水平分辨率×垂直分辨率×场频。

场频又称为垂直扫描频率, 即屏幕刷新率, 是每一秒钟屏幕刷新的次数, 单位是赫兹 (Hz)。刷新频率越低, 图像闪烁和抖动的幅度越大; 刷新频率越高, 图像显示越自然、清晰。一般来说, 如能达到 85Hz 以上的刷新频率, 就可以完全消除图像的闪烁和抖动感, 眼睛就不会太疲劳。

行频又称为水平扫描频率，是指电子枪每秒在屏幕上扫描过的水平线数。单位是千赫兹（kHz）。场频和行频的关系式一般是：行频=场频×垂直分辨率×1.04。

行频是一个综合了分辨率和产品的参数，能够比较全面地反映显示器的性能。当在较高分辨率下要提高显示器的刷新率时，可以通过估算行频是否超出频率相应范围来得知显示器是否可以达到想要的刷新率。

3.1.3　LCD 显示器的性能参数

与 CRT 显示器不同，LCD 显示器有其自身的性能参数指标，下面介绍 LCD 显示器的性能参数指标。

1.　屏幕尺寸及可视尺寸

屏幕尺寸是指屏幕对角的长度，通常以英寸作为单位，一般主流尺寸有 17 英寸、19 英寸、21 英寸、22 英寸、24 英寸等。常用的显示器有标屏（窄屏）与宽屏之分，标屏为 4：3（还有少量的 5：4），宽屏为 16：10 或 16：9。

可视尺寸就是看到的实际显示器的屏幕大小。液晶显示器所标示的尺寸与实际可以使用的屏幕范围一致。

2.　可视角度

液晶显示器的可视角度左右对称，而上下则不一定对称。当背光源的入射光通过偏光板、液晶及取向膜后，输出光便具备了特定的方向特性，也就是说，大多数从屏幕射出的光具备了垂直方向。假如从一个非常斜的角度观看一个全白的画面，我们可能会看到黑色或色彩失真。一般来说，上下角度要小于或等于左右角度。如果可视角度为左右 80°，表示在始于屏幕法线 80°的位置时可以清晰地看见屏幕图像。但是，由于人的视力范围不同，如果没有站在最佳的可视角度内，所看到的颜色和亮度将会有误差。大部分液晶显示器的可视角度都在 160°左右，部分一线品牌可视角度能够达到 170°，如华硕、三星、LG、AOC等。随着科技的发展，有些厂商开发出各种广视角技术，试图改善液晶显示器的视角特性。

3.　响应时间

响应时间是指液晶显示器各像素点对输入信号的反应速度，此值越小越好。如果响应时间太长，就有可能使液晶显示器在显示动态图像时有尾影拖曳的感觉。一般的液晶显示器响应时间在 5～10ms 之间，而华硕、三星、LG 等一线品牌的响应时间普遍在 5ms 以下，基本避免了尾影拖曳问题的产生。

4.　点距和可视面积

液晶显示器的点距和可视面积有直接的对应关系，可以通过计算得出。以 14 英寸的液晶显示器为例，其可视面积为 285.7mm×214.3mm，它的最大分辨率为 1024×768 像素，即该液晶显示板上水平方向有 1024 个像素，垂直方向有 768 个像素。由此可知点距是 285.7/1024 或者是 214.3/768 等于 0.279mm，同理，也可以在得知显示器的点距和最大分辨率情况下算出显示器的最大可视面积。

5.　亮度和对比度

液晶显示器的最大亮度通常由冷阴极射线管（背光源）来决定，其亮度值一般都在 200～250 cd/m^2 之间。液晶显示器的亮度略低，所以会觉得屏幕发暗。虽然技术上可以达到更高亮度，但是这并不代表亮度值越高越好，因为太高亮度的显示器有可能会使观看者眼睛受伤。

对比度是 LCD 显示器能否体现丰富色界的参数，对比度越高，还原的画面层次感就越好。

6.　色彩度

LCD 重要的当然是色彩表现度。自然界的任何一种色彩都是由红、绿、蓝 3 种基本色组成的。LCD 面板是由 1024×768 个像素点组成显像的，每个独立的像素色彩都是由红、绿、蓝（R、G、B）三种基本色来控制的。大部分厂商生产出来的液晶显示器，每个基本色（R、G、B）达到 6 位，即 64 种表现度，那么每个独立的像素就有 64×64×64=262144 种色彩。也有不少厂商使用了所谓的 FRC（Frame Rate Control）技术以仿真的方式来表现出全彩的画面，也就是每个基本色（R、G、B）能达到 8 位，即 256 种表现度，那么每个独立的像素就有高达 256×256×256=16777216 种色彩了。

3.1.4 显示器的选购

LCD 显示器是当前最流行的显示器，由于它具有零辐射和无闪烁等优点，受到用户的普遍欢迎。下面介绍选购 LCD 液晶显示器时需要注意的地方和选购技巧。

选购液晶显示器，除了要选择响应时间短、可视角度大、对比度高、面板质量好的显示器，还要注意下面几个问题。

1. 接上电源线和视频线，通电试机

首先要看液晶屏的发光是否均匀，是否有区部偏光或者边缘位置漏光的情况。接着要看液晶屏在显示的时候，图像是否有频繁纠动的情况。如果以上两种现象在通过液晶自带的相关控制按键调整之后（先选自动调整，再用手动设置），依然没有消除的话，需要换一台显示器重新试机。

2. 测试液晶屏幕的坏点

目前基本上很多装机商和显示器销售商的测试电脑里面，都装了"Nokia Monitor Test"这个软件。运行"Nokia Monitor Test"，将屏幕的显示效果切换到纯白和纯黑状态，用肉眼仔细观察有没有坏点、亮点和死点。3 个坏点以下一般是可以接受的。

3.2 鼠标

鼠标是一种常见的计算机输入设备，它可以对当前屏幕上的游标进行定位，并通过按键和滚轮装置对游标所经过位置的屏幕元素进行操作。

3.2.1 鼠标分类

鼠标按其工作原理的不同可以分为机械鼠标和光电鼠标两种；按接口类型可分为 USB 接口鼠标、PS/2 接口鼠标、USB+PS/2 双接口鼠标；按照连接方式分为有线鼠标和无线鼠标。

机械鼠标主要由滚球、辊柱和光栅信号传感器组成。当用户拖动鼠标与桌面接触时，带动滚球转动，滚球又带动辊柱转动，装在辊柱端部的光栅信号传感器产生的光电脉冲信号反映出鼠标在垂直和水平方向的位移变化，再通过程序的处理和转换来控制屏幕上光标箭头的移动。

光电鼠标是通过检测鼠标的位移，将位移信号转换为电脉冲信号，再通过程序的处理和转换来控制屏幕上的光标箭头的移动。光电鼠标用光电传感器代替了滚球。这类传感器需要特制的、带有条纹或点状图案的垫板配合使用。

图 3-3 所示为 PS/2 接口鼠标；图 3-4 所示为 USB 接口鼠标。

图 3-3　PS/2 接口鼠标图　图 3-4　USB 接口鼠标

除了以上两种鼠标外，还有一种鼠标是无线鼠标，如图 3-5 所示。

图 3-5　无线鼠标

无线鼠标采用无线技术与计算机通信，从而省却了电线的束缚，但是无线鼠标也有自身的缺点，主要如下。

◆ 延时问题：在早期的无线鼠标中，鼠标延时的确是一个不小的问题，但是随着鼠标芯片的发展与无线技术的应用，目前市场

上的主流无线鼠标的延时已不明显。但是对于鼠标要求延时小的用户，可能大多数无线鼠标并不适用。

◆ 电池问题：无线鼠标需要通过电池来供电，而有线鼠标可以通过电脑主板供电，所以无线鼠标的电池耗电量的大小能够影响到用户的使用成本。有些无线鼠标的耗电量较大，需要经常更换电池，给使用者增加了后期使用成本。另外，鼠标内部装入电池后，必然会增加鼠标的重量，影响到与鼠标垫的摩擦力，或多或少对鼠标的性能产生影响。所以，电池问题无疑是无线鼠标的一个很大的弊端。

◆ 使用复杂：对于采用 2.4GHz 技术的无线鼠标，在第一次使用时，必须要经过码率配对过程，对于有些用户而言，比起有线鼠标，这个过程可能会显得比较麻烦。

◆ 价格昂贵：早期的无线鼠标种类比较少同时价格昂贵，但是随着无线鼠标产品的增多，市场上低端无线鼠标价格已算很优惠了。但是如果与同档次的有线鼠标相比，无线鼠标的售价会较高，所以价格因素也是用户不买无线鼠标的一个原因。

目前市场上使用较多的鼠标一般为 PS/2 接口鼠标与 USB 接口鼠标。

3.2.2　鼠标参数详解

不管是 PS/2 接口鼠标、USB 接口鼠标还是无线鼠标，其主要技术指标都包括刷新率、分辨率（CPI）、按键点按次数等。下面对其参数进行详细讲解。

1. 刷新率

刷新率是对鼠标光学系统采样能力的描述参数。发光二极管发出光线照射到工作表面，光电二极管以一定的频率捕捉工作表面反射的快照，交由数字信号处理器（DSP）分析和比较这些快照的差异，从而判断鼠标移动的方向和距离。

2. 分辨率（CPI）

分辨率越高，在一定的距离内可获得的定位点越多，鼠标将更能精确地捕捉到用户的微小移动，尤其有利于精准定位；另一方面，分辨率越高，鼠标在移动相同物理距离的情况下，鼠标指针移动的逻辑距离会越远。

3. 按键点按次数

这是衡量鼠标质量好坏的一个指标。优质的鼠标内每个微动开关的正常寿命都不少于 10 万次的点击，而且手感适中。质量差的鼠标在使用不久后就会出现各种问题，如出现单击鼠标变成双击、点击鼠标无反应等情况。如果鼠标按键不灵敏，会给操作带来诸多不便。

3.2.3　鼠标的选购

鼠标是计算机中最基本的输入、控制装置，是用户使用最频繁的计算机配件，所以在选购鼠标时一定要多考虑，挑选一个适合自己的、性价比高的鼠标，具体选择技巧如下。

1. 质量可靠

质量可靠是鼠标最重要的要求。无论哪种鼠标，也不管它的功能有多强大、外形多漂亮，如果质量不好，那么所有一切都不用考虑。一般名牌大厂的产品质量都比较好，在选购鼠标时可以尽量选购大厂家的产品，可以从外包装、鼠标的做工、序列号、内部电路板、芯片、按键的声音等来分辨是否是假冒产品。

2. 按照接口选择

前面我们讲过，鼠标分为有线鼠标和无线鼠标，有线鼠标一般有 2 种接口，分别为 PS/2 接口和 USB 接口。USB 接口插拔方便，是今后发展的方向，可以考虑这种鼠标。而无线鼠标尽管不用考虑接口，但价格要远远高于有线鼠标而且其损耗也较高，一般情况下尽量不选择，但是如果为了方便快捷也可以考虑购买。

3. 手感好

用户每次使用计算机都免不了要使用鼠标，如果鼠标的手感不好，拿在手中感到很别扭，这会严重影响用户对计算机的操作。因此，鼠标的手感也是选购鼠标不可忽略的一点，有些鼠标看上去样子很难看、别扭，但是其握在手中的感觉却很舒服，这样的鼠标也是值得选购的。

3.3 键盘

键盘是最常见的计算机输入设备，它广泛应用于微型计算机和各种终端设备上。计算机操作者通过键盘可以向计算机输入各种指令、数据，指挥计算机的工作。计算机的运行情况输出到显示器，操作者可以很方便地利用键盘和显示器与计算机对话，对程序进行修改、编辑，控制和观察计算机的运行。

图 3-6 所示为键盘的外观效果。

图 3-6　键盘外观

3.3.1　键盘的构造

键盘作为一个独立的计算机输入设备，其面板根据档次不同采用不同的塑料压制而成，部分优质键盘的底部采用较厚的钢板以增加键盘的质感和刚性，大多数廉价的键盘则直接采用塑料底座的设计。

目前台式计算机的键盘都采用活动式键盘，有的键盘采用塑料暗钩的技术固定键盘面板和底座两部分，实现无金属螺丝化的设计，所以分解时要小心以免损坏。

另外，键盘外壳为了适应不同用户的需要，其底部设有折叠的支持脚，展开支撑脚可以使键

盘保持一定倾斜度。不同的键盘会提供单段、双段甚至三段的角度调整。

3.3.2　键盘的拓展功能

键盘除了打字和进行一系列操作外，还具有一些拓展功能，这些特色功能主要有防水、多媒体、人体工程学和手写板等，这些都是比较实用的功能，下面就来了解。

1. 防水功能

普通键盘是不能够防水的，一旦有水进入键盘内部，就会使键盘的按键失灵，并有可能引起键盘电路短路，因此，在使用键盘时要格外小心，避免水进入键盘。而具有防水功能的键盘则设计了特殊的槽道，进入键盘的水顺着槽道流动，不会影响到键盘的正常使用。

2. 多媒体功能

多媒体键盘是在普通键盘上面增加一些按钮，这些按钮可以实现开关机、调节音量、启动 IE 浏览器、打开电子邮箱和运行播放软件等功能，这样可使键盘的功能得到扩展。

3. 人体工程学

人体工程学键盘按照人体工程学设计，使用户不必有意识地夹紧双臂，而可以保持一种比较自然的形态，这样可以有效地降低左右手键区的误击率，并减轻由于手腕长期悬空导致的疲劳。

4. 手写功能

有的键盘生产厂家考虑到部分用户不熟悉键盘打字，如一些年纪比较大的用户，于是在键盘的右侧增加了一个手写板，这样用户可以用特殊的笔在手写板上写字来代替用键盘打字。

5. 无线功能

与无线鼠标一样，键盘也可以实现无线传输功能，消除了有线键盘由于键盘线长度的限制。

无线键盘需要安装一个 USB 接口的收发器，用来接收键盘发出的无线信号。一般无线键盘的有效距离在 5 米左右，在这个范围内用户可以随

心所欲地移动手中的键盘而不会影响操作。

3.3.3　键盘的选购技巧

在选购键盘时，要从键盘的手感、外观、做工、键位布局等多方面考察。

1. 通过手感判断键盘的好坏

键盘也是用户日常工作中接触最多的输入设备，因此其手感毫无疑问也是最重要的。判断一款键盘的手感如何，可以从按键弹力是否适中、按键受力是否均匀、键帽是否松动或摇晃以及键程是否合适这几方面来测试。一款高质量的键盘应该是手感较好、按键弹力适中、受力均匀、键帽没有松动和摇晃，同时键程较合适，尤其是按键受力均匀和键帽牢固是必须保证的，否则就可能导致卡键或者让用户感觉疲劳，使用户无法正常工作。

2. 通过外观判断键盘的好坏

外观包括键盘的颜色和形状，一款漂亮时尚的键盘会使用户赏心悦目，而一款外观古板的键盘会带给用户沉闷、死板的感觉，影响工作心情。因此，在选购键盘时，可以根据自己的喜好，选购自己喜爱的键盘外观、各种性能指标都较合适、实用的键盘即可。

3. 键盘的做工

相对计算机的其他设备来说，键盘一般较便宜，这是由于键盘的成本较低，但低成本、低价格并不代表粗制滥造。一款好键盘的表面及棱角处理应该精致细腻，键帽上的字母和符号应该采用激光刻入，手摸上去有凹凸的感觉。因此在选购键盘时，除了以上所讲的通过手感、外观判断之外，还应该认真检查键位上的字迹是刻上去的还是印上去的。如果是那种直接用油墨印上去的，那这种键盘的字迹会很容易掉落，影响键盘以后的使用。

4. 键盘键位布局

键盘的键位分布也是选购键盘的一个指标。

虽然键盘的键位分布有具体的标准，但是这个标准对每个键盘厂商来说都有回旋余地。一般一流厂商会利用自身的经验，将键盘键位排列得更体贴用户，而小厂商就只能沿用最基本的标准，甚至因为品质不过关而做出键位分布极差的键盘。因此，在选购键盘时，还要注意键盘键位的布局是否符合自己的习惯。

3.4　音箱

音箱也属于计算机外部设备之一，尤其是对于多媒体计算机来说必不可少。音箱是计算机音响系统极其重要的组成部分，是整个音响系统的终端，其作用是把音频电能转换成相应的声能，并把它辐射到空间去，供人的耳朵直接聆听。人的听觉是十分灵敏的，并且对复杂声音的音色具有很强的辨别能力，因此，音箱的性能对一个音响系统的放音质量起着关键作用，音箱音质的好坏是衡量音箱系统的最重要的标准。图3-7 所示为常见的音箱的外观效果。

图 3-7　音箱外观

3.4.1　音箱的内部构成

音箱主要由扬声器、分频器、电源、箱体等构成。下面对音箱的内部各部分进行介绍。

1. 扬声器

扬声器又称"喇叭"，是音箱中最重要的配件，它的性能好坏决定音箱的优劣，扬声器的技术指标很大部分代表音箱的技术指标。图 3-8 所示为扬声器的外观效果。

按工作原理来分，扬声器可分为电动式、电磁式、电容式、离子式等，使用最多的是电动式扬声器。电动式扬声器又称为动圈式扬声器，它是应用电动原理的电声换能器件，也是目前运用最多、最广泛的扬声器。

电动式扬声器结构简单，生产容易，价格便宜，性能优良，在中频段可以获得均匀的频率响应，而且其本身不需要大的空间，因而得到了大量普及。

图 3-8 扬声器外观

2. 分频器

因为音箱中输入的音频信号是全频带的，因此需要增设一个分频网络，以便把整个信号发送到各个音频单元中，由此就出现了分频器。

分频器也称分频网络，它是音箱内的一种电路装置。音箱中有两个或者两个以上的扬声器，其中包括一个高音、一个低音，它们可以分别重放不同频率的信号。分频器的作用就是将输入的模拟音频信号分离成高音、中音、低音等不同部分，然后分别送入相应的高、中、低音喇叭单元中重放。之所以这样做，是因为任何单一的喇叭都不可能完美地将声音的各个频段完整地重放出来。

图 3-9 所示为音箱中的分频器。

图 3-9 分频器

3. 音箱的电源

现在大多数的计算机音箱都是有源音箱，其内置电源的好坏，也直接关系到音箱的品质。一般情况下，一个好的音箱，其电源的成本占到整个音箱价值的一半左右。高档音箱里面大都采用了优质的的铁芯变压器或者品质远远优于铁芯变压器的环形变压器。

4. 音箱的箱体

目前市面上常见的计算机音箱主要有塑料和木质两种，两种不同的材质都有各自的优点，塑料材质的优点是加工容易，外型可以做得比较好看，在大批量的生产中可以做到很低的成本，国内一般都是把塑料箱体用在中低档产品中。现在的木质音箱中低价位的大多采用中密板作为箱体材质，而高价位的音箱大多采用真正的纯木板作为箱体材料，可以避免箱体谐振。密封性、箱体木板的厚度、木板之间结合紧密程度等都是影响音箱音质的关键因素。

3.4.2 音箱参数介绍

下面继续介绍音箱的相关参数。

1. 频响范围

频响范围全称为频率响应范围，它是指在振幅允许的范围内音箱能够重放的频率范围，以及在此范围内信号的变化量，单位为赫兹（Hz）。一般人耳的听音范围是 2k～20kHz，品质优秀的音箱的频响范围要宽于人耳的正常听音范围。

2. 信噪比

信噪比则是指音箱回放的正常声音信号与无信号时噪声信号(功率)的比值,单位为分贝(dB)。信噪比越高,音箱的噪声越小。一般情况下,信噪比不低于 70dB,高端音箱的信噪比可以达到110dB 左右,可以表现出较优秀的音质。

3. 灵敏度

针对有源音箱来说，灵敏度是指内部放大器的放大倍数和扬声器组合的灵敏度。放大倍数大的音箱接小功率音源声音都很大。针对无源音箱而言，灵敏度指的是扬声器组合在功放系统给予音箱 1W 的 1000Hz 信号时，1m 处产生的声强大小，单位为 dB。音箱的灵敏度越高，音箱的声音听起来越大。一般音箱的灵敏度在 70～115dB 的范围内，98～110dB 属于高灵敏度。

4. 失真度

音箱也像其他音响设备一样，会产生失真现象。音箱的失真主要是由于扬声器的非线性失真造成的，失真大于 5% 的话，人耳会明显的察觉到；失真大于 10% 的话，人耳已经无法接受了。因此对于音箱的失真，我们能接受的是在 10% 以内。

5. 扬声器阻抗

扬声器阻抗是一个物理值，即是电阻与电抗在向量上的和，其单位为欧姆（Ω）。扬声器阻抗是随着频率的不同而变动的，目前市面上的音箱阻抗多为 4Ω、6Ω、8Ω，这几个都是比较主流的阻抗值。

6. 输出功率

输出功率是指音箱在不失真的情况下，能够在长时间工作下输出的最大功率，单位为瓦（W）。这个数值根据不同档次的音箱有所区别，也没有固定的数值，主要由音箱的品质来决定。

3.4.3　音箱的选购

选购音箱的时候除了按照信噪比大、灵敏度大、频响范围宽、失真度小的原则，另外一个最需要注意的地方在于"够用就好"的原则，因为有些性能在日常应用中用得相对来说少一点。

在选择音箱的时候额外要注意以下两个问题。

1. 试听

试听就是在购买前，通过播放音乐来听音箱的播放效果。不管是低廉的便携式音箱，还是优质音箱，在购买之前都应该认真试听一番，可以自带比较熟悉的音乐曲目来播放试听，这样更容易试听出音箱的优劣。因为对于熟悉的曲目，音乐细节及乐器声的表现用户会更了解，可以用不

同的音箱来播放，通过比较就能听出音箱的好坏。另外，在试听时可以将音箱的音量开到最大，试听音箱在超过一定音量限度时，音箱是否还能在全音域内保持均匀清晰的声源信号放大能力。

2. 查看音箱箱体的密闭性

音箱的密闭性越好，输出的音质就越好。因此，在购买音箱时要特别注意查看音箱的密闭效果。密闭性检查方法很简单，用户可将手放在音箱的倒相孔外，如果感觉有明显的空气冲出或吸进现象，就说明音箱的密闭性能不错。

3. 认铭牌

名牌音箱十分注重品牌形象和企业知名度，因而真正的好音箱都有一块制作精良的镀金或镀铬铭牌标记，铭牌上一般都镌有鲜明的商标、公司、名称、产地、相应指标等，同时所贴铭牌标记十分规范、精致。

另外，好的音箱产品不仅有出厂日期、生产序号，甚至还有配对序号和随箱身份证。对于这类音箱，只要价格合理，一般都可以放心选用。

3.5　打印机

打印机是计算机常见的输出设备，主要功能是将计算机处理结果以及中间信息等打印在纸上，以便于长期保存。

3.5.1　打印机的分类

按打印机的工作方式，打印机可以分为针式打印机、喷墨式打印机、激光打印机等。

1. 针式打印机

针式打印机在打印机历史中曾经占有着重要的地位，从 9 针到 24 针，再到今天已基本退出打印机历史的舞台。针式打印机之所以在很长的一段时间内流行不衰，这与它极低的打印成本和很好的易用性是分不开的。当然，由于它较差的打印质量、较大的工作噪声等，使其已无法适应现

代高质量、高速度的打印需要，所以现在很少看见它的踪迹。

图 3-10 所示为针式打印机的外观效果。

图 3-10　针式打印机

2. 喷墨式打印机

喷墨式打印机利用各种技术将墨水喷、挤、压、吸在纸上。喷墨式打印机是目前最为常见的打印机，它的用途广泛，可以用来打印文稿，打印图形图像，也可以使用照片纸打印照片。

喷墨式打印机有单色打印和彩色打印两种，彩色喷墨式打印机因其打印效果良好，同时价位相对低廉，占领了广大中低端打印机市场。此外，喷墨式打印机还具有更为灵活的纸张处理能力，既可以打印信封、信纸等普通介质，还可以打印各种胶片、照片纸、光盘封面、卷纸、T 恤转印纸等特殊介质，不过喷墨式打印机的墨盒价格不便宜。

图 3-11 所示为喷墨式打印机的外观效果。

图 3-11　喷墨式打印机

3. 激光打印机

激光打印机则是近年来高科技发展的一种新产物，也是有望代替喷墨式打印机的一种机型。激光打印机分为黑白和彩色两种，其中低端黑白激光打印机的价格目前已经降到了几百元，使普通用户可以接受，而彩色激光打印机的价位却很高，几乎都在万元上下，应用范围较窄，很难被普通用户接受。

虽然激光打印机的价格要比喷墨式打印机昂贵得多，但从单页的打印成本上讲，激光打印机则要便宜很多。

图 3-12 所示为激光打印机的外观效果。

图 3-12　激光打印机

3.5.2　打印机的选购技巧

打印机作为计算机的重要外部设备之一，已经被计算机用户所重视。在准备购买打印机之前，一定要清楚自己购买打印机的目的是什么，然后按需求的层次去购买对应的打印机产品。

目前最常见的打印机主要是喷墨式打印机和激光打印机，针式打印机已经很少见。在打印机家族中，喷墨式打印机因其价格低、精度高、可打印彩色图像等优点，已成为个人家用打印机市场的主流产品。与喷墨式打印机相比，激光打印机有着较为显著的几个优点，打印速度快、打印品质好、工作噪声小等，但是价格相对来说贵一点，适合在办公、商务场所使用。

打印机的各种指标中，最重要的是打印质量、打印速度、可打印的纸张大小及价格，其中价格因素与前几项指标密切相关。对于个人用户来说，打印质量和价格才是需要关注的重点，至于打印速度，一般个人用户可以不必过高追求；对于打印纸张大小的问题，一般能打印 A4 就行，一般喷墨式打印机都能做到。如果用户要求打印质量高、速度快，那就首选激光打印机。

总之，用户在决定购买打印机前，一定要清楚自己要用打印机做什么，然后再根据需要选购合适的打印机，这样才能让买来的打印机物尽其用。

3.6　扫描仪

扫描仪是一种高精度的光电一体化的高科技产品，它是将各种形式的图像信息输入计算机的重要工具，是功能极强的一种输入设备。

用户通常将扫描仪用于计算机图像的输入，从最直接的图片、照片、胶片到各类图纸图形以及各类文稿等都可以用扫描仪输入到计算机中，进而实现对这些图像形式的信息的处理、管理、使用、存储、输出等。

图 3-13 所示为扫描仪的外观效果。

图 3-13　扫描仪

扫描仪主要由光学部分、机械传动部分和转换电路 3 部分组成，其核心部分是完成光电转换的光电转换部件。目前大多数扫描仪采用的光电转换部件是感光器件。

扫描仪工作时，首先由光源将光线照在欲输入的图稿上，产生表示图像特征的反射光（反射稿）或透射光（透射稿）。光学系统采集这些光线，将其聚焦在感光器件上，由感光器件将光信号转换为电信号，然后由电路部分对这些信号进行 A/D（Analog/Digital）转换及处理，产生对应的数字信号输送给计算机。当机械传动机构在控制电路的控制下带动装有光学系统和 CCD 的扫描头与图稿进行相对运动，将图稿全部扫描一遍，一幅完整的图像就输入到计算机中去了。

在整个扫描仪获取图像的过程中，有两个元件起到关键作用：一个是光电器件，它将光信号转换成为电信号；另一个是 A/D 变换器，它将模拟电信号变为数字电信号。这两个元件的性能直接影响扫描仪的整体性能，同时也关系到我们选购和使用扫描仪。

扫描仪的种类繁多，根据扫描仪扫描介质和用途的不同，目前市面上的扫描仪大体上分为：平板式扫描仪、名片扫描仪、底片扫描仪、馈纸式扫描仪、文件扫描仪、手持式扫描仪、鼓式扫描仪、笔式扫描仪、实物扫描仪和 3D 扫描仪。

目前扫描仪已广泛应用于各类图形图像处理、出版、印刷、广告制作、办公自动化、多媒体、图文数据库、图文通讯、工程图纸输入等许多领域，极大地促进了这些领域的技术进步甚至使一些领域的工作方式发生了革命性的变革。

3.6.1　扫描仪的性能参数

1. 分辨率

分辨率是扫描仪最主要的技术指标，它表示扫描仪在图像细节上的表现能力，即决定了扫描仪所记录图像的细致度，其单位为 PPI（Pixels Per Inch），通常用每英寸长度上扫描图像所含有像素点的个数来表示。目前大多数扫描的分辨率在 300～2400PPI 之间。PPI 数值越大，扫描的分辨率越高，扫描图像的品质越高。但这是有限度的，当分辨率大于某一特定值时，只会使图像文件增大而不易处理，并不能对图像质量产生显著的改善。对于丝网印刷应用而言，600PPI 就已经足够了。

2. 灰度级

灰度级表示图像的亮度层次范围。级数越多，扫描仪图像亮度范围越大，层次越丰富，目前多数扫描仪的灰度为 256 级。256 级灰度可以真实呈现出比肉眼所能辨识出来的层次还多的灰阶层次。

3. 色彩数

色彩数表示彩色扫描仪所能产生颜色的范围。通常用表示每个像素点颜色的数据位数即比特位数（bit）表示。Bit 是计算机最小的存储单位，以 0 或 1 来表示比特位的值，越多的比特位数可以表现越复杂的图像信息。例如常说的真彩色图像指的是每个像素点由 3 个 8 比特位的彩色通道所组成的图像。红绿蓝通道结合可以产生

2^{24}=16.67M 种颜色的组合，色彩数越多扫描图像越鲜艳、真实。

4. 扫描速度

扫描速度有多种表示方法，因为扫描速度与分辨率、内存容量、存取速度、扫描时间、图像大小有关，通常用指定的分辨率和图像尺寸下的扫描时间来表示。

5. 扫描幅面

表示扫描图稿尺寸的大小，常见的有 A4、A3、A0 幅面等。

3.6.2 扫描仪的选购技巧

与打印机一样，随着扫描仪技术的不断发展，扫描仪也越来越人性化，了解扫描仪的技术发展以及未来的趋势，对用户选购扫描仪是有帮助的。

1. 光学分辨率

光学分辨率是选购扫描仪最重要的因素。最初，主流光学分辨率为 300PPI，1999 年之后光学分辨率为 600PPI，2000 年以后逐步过渡到1200PPI，而现在，主流光学分辨率已经达到了2400PPI。因此，作为普通用户，购买 2400PPI 光学分辨率的扫描仪就足以应付所有工作了。

2. 扫描方式

扫描方式是针对感光元件来说的。感光元件也叫扫描元件，它是扫描仪完成光电转换的部件。目前市场上扫描仪所使用的感光器件主要有 4 种：电荷耦合元件 CCD、接触式感光器件 CIS、光电倍增管 PMT 和互补金属氧化物导体 CMOS。现在选购 CCD 的扫描仪就可以了，而且市场上 CCD 的扫描仪也是最多的。

3. 色彩位数

色彩位数（色位）是扫描仪所能捕获色彩层次信息的重要技术指标，影响扫描图像的色彩饱和度及准确度。高的色彩位数可得到较高的动态范围，对色彩的表现也更加艳丽逼真。

色位的发展很快，从 8 位到 16 位，再到 24

位，又从 24 位到 36 位、48 位，这与用户对扫描的物件色彩还原要求越来越高有关，色位值越大越好。目前市场上的家用扫描仪多为 42 位，但 48 位的扫描仪正在逐渐向主流行列迈进。

4. 接口类型

扫描仪的接口是指扫描仪与计算机主机的连接方式。从 SCSI 接口到 EPP（Enhanced Parallel Port）接口技术，如今已步入了 USB 时代，并且多是 2.0 接口。USB 接口作为近年新兴的行业标准，在传输速度、易用性及计算机兼容方面均有较好的表现，因此在选购时，尽量选择 USB 接口类型的扫描仪。

此外，对于家用扫描仪来说，除了分辨率、色彩位数、接口类型外，还有其他一系列辅助的技术指标，来增强扫描仪的易用性和功能。

3.7 上机与练习

1. 单项选择题

（1）（   ）是计算机的重要输出设备，也是使用者每天都要面对的部件。它是一种将一定的数据通过特定的传输设备显示到屏幕上再反射到人眼的显示工具。

    A．显示器   B．打印机

    C．扫描仪   D．键盘

（2）（   ）是一种使用阴极射线管的显示器。阴极射线管显示器的工作原理是在一个真空的显像管中由电子枪发出射线激发屏幕上的荧光粉呈现出彩色的光点，大量光点成像。

    A．CRT 显示器   B．LED 显示器

    C．液晶显示器   D．等离子显示器

（3）（   ）是 Liquid Crystal Display 的简称，为平面超薄的显示设备，它由一定数量的彩色或黑白像素组成，放置于光源或者反射面前方。

    A．CRT 显示器   B．LED 显示器

    C．液晶显示器   D．等离子显示器

（4）CRT 屏幕尺寸就是显像管实际尺寸，也是通常所说的显示器尺寸，是显示区域（　　）的长度。

  A．对角线　　　　B．长

  C．高　　　　　　D．宽

（5）CRT 显示器的（　　）就是屏幕图像的密度，每一画面的精细度是由像素来确定的。

  A．分辨率　　　　B．点距

  C．刷新率　　　　D．场频

（6）（　　）是一种常见的电脑输入设备，它可以对当前屏幕上的游标进行定位，并通过按键和滚轮装置对游标所经过位置的屏幕元素进行操作。

  A．鼠标　　　　　B．键盘

  C．显示器　　　　D．音箱

（7）（　　）是通过检测鼠标器的位移，将位移信号转换为电脉冲信号，再通过程序的处理和转换来控制屏幕上的鼠标箭头的移动。

  A．光电鼠标　　　B．机械鼠标

  C．光机鼠标　　　D．光学鼠标

（8）（　　）是最常见的计算机输入设备，它广泛应用于微型计算机和各种终端设备上，计算机操作者通过键盘向计算机输入各种指令、数据，指挥计算机的工作。

  A．键盘　　　　　B．鼠标

  C．扫描仪　　　　D．打印机

（9）（　　）是常见的计算机输出设备，主要功能是将计算机处理结果以及中间信息等打印在纸上，以便长期保存。

  A．打印机　　　　B．复印机

  C．扫描仪　　　　D．键盘

2．多项选择题

（1）目前显示器主要有 CRT 显示器、LCD 显示器、LED 显示器、等离子显示器等，比较常用的显示器是（　　）和（　　）。

  A．CRT 显示器

  B．LCD 显示器

  C．LED 显示器

  D．等离子显示器

（2）下列选项中哪些是 LCD 显示器相对于CRT 显示器的优势（　　）。

  A．节省空间　　　B．节能

  C．低辐射　　　　D．画面柔和

（3）鼠标按接口类型可分为哪几种（　　）。

  A．USB 接口

  B．PS/2 接口

  C．USB+PS/2 双接口

  D．PCI 接口

（4）音箱是整个音响系统的终端，其作用是把音频电能转换成相应的声能，并把它辐射到空间去。音箱的主要组成部分有（　　）。

  A．扬声器　　　　B．分频器

  C．音箱的电源　　D．音箱的箱体

（5）按打印机的工作方式分类，打印机可以分为（　　）。

  A．针式打印机　　B．喷墨式打印机

  C．激光打印机　　D．复印机

（6）扫描仪是一种高精度的光电一体化的高科技产品，扫描仪主要由（　　）、（　　）和（　　）3 部分组成。

  A．光学部分　　　B．机械传动部分

  C．转换电路　　　D．扬声器

第4章

计算机组装图解

学习目标

学习计算机组装的相关知识，同时学习动手组装计算机，并为组装的计算机进行系统检测和性能测试。本章的主要内容包括计算机的装机目标、装机前的准备、组装最小系统、组装全过程、加电自检以及计算机的系统检测和性能评价等。通过本章的学习，自己能动手组装电脑。

学习重点

熟悉装机前的各种准备，知道装机应该注意哪些事项；掌握组装最小系统，主要包括安装 CPU 及 CPU 散热器、内存、显卡、主板、电源、最小化测试等；掌握组装计算机的全过程，包括安装主板和电源、安装显卡、安装硬盘、连接和整理连线、外部组件的连接等；掌握计算机的系统检测和性能评估。

主要内容

- ◆ 计算机组装最佳方案设计
- ◆ 装机前的准备
- ◆ 组装计算机的最小系统
- ◆ 组装计算机全过程
- ◆ 加电自检
- ◆ 系统检测和性能评估

4.1 计算机组装的最佳方案设计

在组装计算机之前，首先要知道组装计算机的目的什么，然后才能根据不同的目标合理地配置出适合自己的计算机。

一般情况下，根据组装计算机的目标不同，计算机可以分为"家用上网型"、"商务办公型"、"游戏玩家型"、"图像影音型"等。下面根据计算机组装的目的，为大家设计了几个最佳的装机方案。

4.1.1 家用上网型

家用上网型计算机主要是用户平常自己在家上网、听音乐、看电影等娱乐使用的计算机，偶尔进行简单的图片和文字处理等。这类计算机不需要很快的运行速度，但是要有很好的稳定性，因为对于一般家庭用户来说，对计算机都不是太懂，如果计算机的稳定性不好，经常出现问题，这样会给用户带来不必要的麻烦。因此，家用上网型计算机应该将稳定性放在首位。另外，硬盘容量相对来说也要大一点，这样利于用户保存个人资料。其次价格也要适中，以适应大众家庭的经济承受能力。至于计算机的运行速度，对于家庭上网用途来说，不必太在意。

另外，家用上网型计算机在装机过程中还应考虑一些特殊家用客户的需求。这类特殊用户关注的不是价钱，而是稳定的系统、较快的运行速度以及较豪华的音响系统等。对于这类客户，可以选择相对较高的配置。

总之，作为家用上网型计算机，稳定的系统、较大的硬盘空间以及配置齐全、且经济实用的音响、视频系统才是需要考虑的关键。

针对家用上网型计算机，在此我们为大家推荐 2 种装机方案。

方案 1：满足大众家庭需求的经济实用型

在该方案中，以经济实用为主，适合大众家庭的需要，因此，推荐 Intel 奔腾 G840 处理器和微星 B75 主板，使用集成显卡以及 250GB 容量硬盘，外加漫步者 R18T 音响。这满足对计算机配置要求不是很高且经济实用的用户的需求，其主要配件如表 4-1 所示。

表 4-1　家用上网型配置方案 1

配件	型号配置
CPU	Intel 32nm 奔腾 G840 盒装 CPU
主板	微星 B75MA-P45 主板
内存	威刚 1G DDR3 1333 内存
显卡	集成显卡
显示器	飞利浦 17 英寸 LED 背光宽屏液晶显示器
硬盘	希捷 Barracuda 250GB 7200 转　16MB
光驱	先锋 DVD-231D
机箱	TtTR2 V100 机箱
电源	骨伽 ST330 电源
音响	漫步者 R18T

方案 2：满足特殊家庭用户需求的豪华型

该方案较方案 1 来说配置较高，主要是为了满足特殊家用上网型客户的需求，因此推荐使用酷睿双核处理器，搭配七彩虹 C.H61U-M ZT B75 主板，配置中加入了影驰 GTS450 重炮手独立显卡，以及 1TB 大容量硬盘，外加漫步者 R201V 音响。以上配置完全满足特殊家用上网型客户的日常家用的需要，其主要配件如表 4-2 所示。

表 4-2　家用上网型配置方案 2

配件	型号配置
CPU	Intel 酷睿 i3 3220（盒）
主 板	七彩虹 C.H61U-M ZT
内 存	金士顿 2GB DDR3 1333
显 卡	影驰 GTS450 重炮手
显示器	飞利浦 23 英寸 LED 背光宽屏液晶显示器
硬 盘	希捷 Barracuda 1TB 7200 转　64MB
光 驱	先锋 DVD-231D
机 箱	TtTR2 V100 机箱
电 源	长城静音大师 ATX-300SD
音 响	漫步者 R201V

4.1.2　商务办公型

商务办公型计算机主要用于办公，注重的是经济实用，同时办公电脑要配备打印机、光驱等，以方便打印文件。这种计算机只要价格低廉、计算速度快、文件读取方便、机器稳定即可。

另外，对于一些商务办公型计算机，除了具备一般办公功能外，也要考虑它的多用途，例如读取光盘、刻录光盘、扫描图片、视频、语音洽谈业务等，这类商务办公型计算机配置要求会更高，当然价钱也会更高。

针对商务办公型计算机，在此我们为大家推荐 2 种装机方案。

方案1：满足一般商务办公需求的经济实用型

在该方案中，注重满足一般商务办公的需要，这里推荐用 Intel 酷睿 i3，这款 CPU 运转稳定，处理文字能力强，打印机配备的是 HP 2010 型号打印机。办公电脑对图形处理能力要求一般不高，因此显卡用主板上集成的显卡就行，不需要额外加一块独立显卡。这种配置经济、实用，其主要配件如表 4-3 所示。

表 4-3　商务办公型方案 1

配件	型号配置
CPU	Intel 酷睿 i3
主板	技嘉 GA-B75M-D3H(rev.1.1)
内存	金士顿 1GB DDR3 1600
显卡	集成显卡
显示器	长城 M1932
硬盘	希捷 Barracuda 250GB 7200 转 16MB SATA3
光驱	三星 TS-H353C
打印机	HP 2010

方案2：满足特殊商务办公需求的豪华型

在该方案中，注重的是能满足一切办公需要的计算机，在此推荐使用 Intel 酷睿 i5 CPU，这款 CPU 运转速度比酷睿 i3 更快一些，处理文字能力更强。打印机配备的是 HP 7000 型号打印机，这个型号的打印机比惠普 2010 打印速度快一点。显卡用影驰 GTS450 系列。另外，在该配置中还包括刻录机、扫描仪、摄像头等其他一些辅助的计算机配件与办公设备，具体配置如表 4-4 所示。

表 4-4　商务办公型方案 2

配件	型号配置
CPU	Intel 酷睿 i5 760（盒）
主板	技嘉 GA-B75M-D3H(rev.1.1)
内存	金士顿 4GB DDR3 1600
显卡	影驰 GTS450 系列
显示器	长城 M1932
硬盘	希捷 Barracuda 500GB 7200 转 64MB SATA3
光驱	三星 TS-H353C
打印机	HP 7000

4.1.3　游戏玩家型

游戏玩家型计算机的主要用途是玩游戏，对图像的处理能力、声音效果、机器稳定性有很高的要求，因此要注意显卡的显示功能以及 CPU 的处理能力。玩游戏过程中可能需要耳麦与别人交流，因此选择一款适合自己的耳麦也非常重要。

针对游戏玩家型的计算机，在此我们为大家推荐了 2 种装机方案。

方案1：高性价比型

在该方案中，主要针对一般玩家，因此注重性价比，在此我们推荐一种性价比比较高的装机方案。配置中选择了 AMD A8-5600K 处理器，同时搭配了微星 ZH77A-G43 主板。显卡采用了 AMD HD6850，这款显卡能为用户提供足够扎实的游戏性能，同时使用罗技闪亮银耳麦，基本上能满足一般游戏玩家的需要，具体配置如表 4-5 所示。

表 4-5　游戏玩家型方案 1

配件	型号配置
CPU	AMD A8-5600K（盒）
主板	微星 ZH77A-G43 主板
内存	金士顿 2GB DDR3 1600
显卡	AMD HD6850
显示器	三星 S22B360HW
硬盘	WD 500GB 7200 转 16MB SATA3 蓝盘

续表

配件	型号配置
机 箱	游戏悍将核武器
鼠 标	精灵蓝针 G7 游戏键鼠套装
电 源	红星 R500W
耳 麦	罗技闪亮银耳麦

方案 2：高配豪华型

方案 2 以专业游戏玩家为装机对象，在此推荐一种高配置装机方案。配置中选择了 Intel 酷睿 i5 3570 处理器，同时搭配了华擎 B75 Pro3 主板，同时加入了固态硬盘，采用华擎 B75 Pro3 显卡，这款显卡能为用户提供足够扎实的游戏性能，使用罗技 G35 游戏专用耳麦。这种方案完全满足游戏爱好者的需要，具体配置如表 4-6 所示。

表 4-6　游戏玩家型方案 2

配件	型号配置
CPU	Intel 酷睿 i5 3570（盒）
主 板	华擎 B75 Pro3
内 存	威刚 4GB DDR3 1600
显 卡	华擎 B75 Pro3
显示器	AOC I2367F
硬 盘	希捷 Barracuda 1TB 7200 转 64MB
固态硬盘	影驰 Laser GT（120GB）
机 箱	长城龙斗士 A-04
鼠 标	多彩 7800G 无线键鼠套装
电 源	长城静音大师 ATX-350SD
耳 麦	罗技 G35 游戏耳麦

4.1.4　图形图像型

图形图像型计算机是用来处理图形图像的，在考虑计算速度的同时，还要注重图像处理、显示效果、机器稳定性等方面，一切配置都是为了最好的图形图像处理能力，因此，在配置图形图像型计算机时着重选择显卡。

针对图形图像型计算机，在此我们推荐 2 种类型的装机方案。

方案 1：满足一般图形图像处理需求的经济实用型

该方案以经济实用为主，所有配置都基本能满足图形图像的处理需求。这里推荐使用 Intel 酷睿 i5 3450 的 CPU，同时使用蓝宝 HD6850 白金版显卡，这是一款专业的图形图像处理显卡，能很好地处理各类图形图像，具体配置如表 4-7 所示。

表 4-7　图像影音型方案 1

配件	型号配置
CPU	Intel 酷睿 i5 3450
主 板	技嘉 GA-Z77P-D3
内 存	金士顿 4GB DDR3 1600
显 卡	蓝宝石 HD6850 1G 白金版
显示器	戴尔 U2312HM
硬 盘	希捷 Barracuda 2TB 7200 转 64MB SATA3
光 驱	先锋 DVR-219CHV
电 源	酷冷至尊 GX-400W（RS-400-ACAA）
机 箱	动力火车绝尘侠 X3

方案 2：满足特殊图形图像处理需求的豪华型

方案 2 注重满足特殊图形图像处理需求。这里推荐使用华硕 GTX690-4GD5 显卡，使用 Intel 酷睿 i7 3970X 处理器、华硕 RAMPAGE IV EXTREME/BF3 主板、WD 4TB 7200 转 64MB SATA3 硬盘。华硕 GTX690-4GD5 显卡配备了 16 颗显存芯片，组成了 4GB 256Bit 的超强规格，默认频率为 915MHz，显存频率则为 6Gbit/s，此种显卡完全满足各种图形的处理需求，具体配置如表 4-8 所示。

表 4-8　图像影音型方案 2

配件	型号配置
CPU	Intel 酷睿 i7 3970X
主 板	华硕 RAMPAGE IV EXTREME/BF3
内 存	海盗船 16GB DDR3 2400 套装
显 卡	华硕 GTX690-4GD5
显示器	三星 S27A950D
硬 盘	WD 4TB 7200 转 64MB SATA3
电 源	阿尔萨斯 EPS 1500ELA（85+）
机 箱	Tt Level 10 Limited Edition（VL300A2N1N）

以上针对不同用途的计算机给出了多种装机方案，在这些方案中，除了表中所推荐的主要配件外，还有其他的一些辅助配件，例如键盘、鼠标、摄像头，音箱等。这些配件相对来说都不是很重要，且品牌繁多，在此不再具体推荐，用户可以根据自己的喜好以及个人的经济情况自行选择即可。

4.2 计算机装机前的准备工作

俗话说"磨刀不误砍柴工"。当明确了计算机的用途、配置好计算机各配件之后，就可以开始装机了。但在装机之前，还需要做一些准备工作，这些准备工作对正确、顺利进行装机非常重要。这一节主要了解装机前需要做的准备工作。

4.2.1 准备装机工具

在进行计算机的组装之前，用户需要准备一些安装工具，这样才能保证装机顺利进行。下面分别介绍装机常用的几种工具。

1. 十字磁性螺丝刀

十字磁性螺丝刀主要用于拆卸和安装螺丝钉。由于计算机上的螺丝钉全部是十字形的，所以准备一把十字螺丝刀非常必要。另外，计算机器件安装空隙狭小，一旦螺丝钉掉落在其中，想取出来就很麻烦了，而磁性螺丝刀可以吸住螺丝钉，在安装时非常方便。常见的磁性螺丝刀如图4-1所示。

图 4-1　十字磁性螺丝刀

2. 散热膏

在安装高频率 CPU 时，散热膏可以降低 CPU 在工作时产生的热量，是安装计算机时必不可少的工具，使用散热膏可以填充散热器与 CPU 表面的空隙，更好地帮助 CPU 散热。

3. 多孔电源插座

在计算机中有主机、显示器、音箱、打印机等设备需要单独供电，所以需要一个多插孔的电源插座，以方便随时为这些配件供电进行测试。

4.2.2 装机前的注意事项

在装机前除了准备相关的工具之外，用户还必须注意以下几个问题，以避免在装机过程中造成不必要的硬件损坏。

1. 消除静电

如果用户穿的服装是化纤类服装，这类服装通过与人体摩擦很容易产生静电，这些静电很容易将计算机各硬件的内部集成电路击穿造成硬件损坏，因此在装机前需要尽量避免静电，或消除静电。消除静电的方法很多，最简单的方法就是洗手，或者触摸自来水管、铁器等，另外还可以戴一副防静电手套。

2. 千万不可带电操作

在装机时严禁带电插拔计算机元件，也就是说，严禁在计算机处于通电状态下插拔计算机器件、扩展卡以及插头等，这种操作对元器件的损坏很大。因为元器件带电时，突然断电会在其内部产生瞬时大电流，烧坏相关器件。因此用户如果要对计算机元器件进行插拔操作时，应先关掉计算机电源，把设备的电源插头拔下，然后进行插拔等操作。

3. 避免液体的伤害

由于现在的大多数计算机配件都是不防水的，因此在组装或使用计算机时，一定要避免让液体直接接触计算机各硬件设备。一旦液体接触硬件时，很可能造成集成电路短路而导致硬件损坏，所以一定要防止这种情况发生。

4. 避免粗暴的安装方法

在硬件的安装过程中，一定要阅读说明书，

使用正确的安装方法，不能使用粗暴的安装方法。比如，安装位置不对，不能强行固定，否则容易导致硬件损坏。

4.3 从最小系统开始组装

最小系统即由 CPU、主板、内存、显卡、显示器和电源等配件构成的部分。在开始组装计算机之前，需要使用最小化系统去验证各个配件的品质以及兼容性。如果最小化系统能够顺利启动，这意味着整个装机过程成功了一半。

安装最小系统时应该找个防静电的物件置于主板的下方，同时将主板放在比较柔软的物体上，以免刮伤背部的线路。

4.3.1 安装 CPU 和 CPU 的散热器

CPU 是计算机中最重要的配件，也是安装时需要特别注意的环节，如果没有安装正确，也可能会导致计算机无法正常运行，甚至会有烧坏 CPU 的可能。

安装 CPU 时首先注意观察主板上的 CPU 插槽，其中有些边角处没有针孔，这一位置也应该对应 CPU 上缺针的位置。另外，在 CPU 上必须安装散热风扇，以发散 CPU 在运行时所产生的热量。在安装散装 CPU 时，需要特别注意，必须在 CPU 和 CPU 散热器之间涂上散热膏。

下面以安装 AMD 9650 的 CPU 为例，说明安装 CPU 和 CPU 散热器的步骤。

Step 1　主板上的 CPU 插槽有一个"正方形"缺口，对应的是 CPU 上没有触点的"正方形"缺口，如图 4-2 所示。在安装时首先把 CPU 的触点与插座一一对应，只有将它们对准才可以将 CPU 插入插座，然后检查 CPU 是否完全平稳地插入插座。

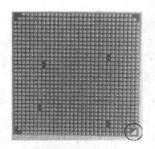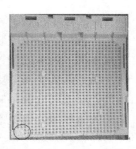

图 4-2　AMD 的 SOCKET CPU 及主板上 CPU 插槽

Step 2　CPU 安装完成后，将风扇的小把手由原来竖着方向用力下按，如图 4-3 所示，直到感觉 CPU 散热器和 CPU 插槽固定好了为止。

图 4-3　固定 CPU 散热器

Step 3　当固定好 CPU 风扇后，再将 CPU 风扇的电源线连接到主板上的电源插口上，如图 4-4 所示。

Step 4　最后用螺丝刀把 CPU、CPU 散热器和主板通过螺丝固定在一起，如图 4-5 所示。

图 4-4　安装 CPU 风扇电源　图 4-5　固定 CPU 及散热器

4.3.2 安装内存与显卡

不管是哪种类型的内存，其安装方法都大同小异。在安装内存之前，要知道主板上是什么类型的内存插槽，确定内存是否和主板匹配，以及选用主板可以安装的内存数目、主板所支持的最大内存容量等。

相同规格的内存条和内存插槽长度相同，且

内存条的金手指缺口和内存插槽的突起位置相对应，这样内存条的安装方向就确定了。如果两者长度不同或者缺口位置不一致，说明内存条规格与主板不匹配，需要更换与主板匹配的内存条。另外，在安装内存条时，内存条的缺口要和内存插槽的凸起部分相对应，如图4-6所示。

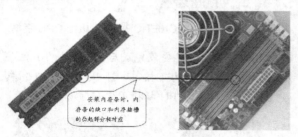

图4-6　内存条和内存插槽

在确认内存条和内存插槽匹配后，就可以安装内存条了，具体步骤如下。

Step 1　首先向外按压内存插槽两侧的卡具，将其扳开，如图4-7所示。

图4-7　扳开内存插槽的卡具

Step 2　然后将内存条的缺口处对准内存插槽的凸起，使用双手的拇指按压内存条的两侧。当听到"咔"的一声时，表示内存条已经插好，如图4-8所示。

图4-8　将内存条插入插槽

Step 3　内存条安装后，此时内存插槽的卡具会自动扣住内存条的两侧，如图4-9所示。

图4-9　完成安装内存条

如果要取出内存条，只要把内存插槽两边的卡具扳开即可，这时候内存条会自动从插槽中弹出来，然后就可以取出内存条了。

目前的大部分主板支持双通道内存，此时在安装位置的选择上就会有所讲究。通过颜色辨认是最简单的方法，将两条内存条安装在同一种颜色的内存插槽上，这样就可激活双通道工作模式，提高性能。如图4-10所示是支持双通道内存的主板上的内存插槽，共有两对，每对的颜色不同。

图4-10　双通道内存插槽

安装好内存条后就可以安装显卡了。显卡的安装方法很简单，只需要将其插入主板上对应的插槽即可。很多主板上显卡插槽的一侧都有一个弹簧片，当显卡正确插入以后，该弹簧片会牢牢地扣住显卡，如图4-11所示。

图4-11　显卡插槽

4.3.3　安装主板电源与最小化系统测试

电源供应器中会有连接主板的20芯和4芯电源线，只要将其连接在主板上的电源插座上就可以了。为防止误插和插头松动，主板电源插座的一侧提供了定位块，因此，插入电源插头时必须确保插头的固定装置刚好钩住插座的定位块，如图4-12所示。

图4-12　主板供电

当 CPU、显卡、内存以及主板电源都安装好后，就可以进行最小化系统测试了。所谓最小化测试是指能够使计算机启动起来的最基本配件的测试。这些最基本的配件主要是指主板、CPU、内存、显卡、显示器、键盘和电源等设备，把这些基本的设备正确连接在一起，加电以后，看是否正常启动。

首先连接好主机电源线以及显示器电源线，然后使用螺丝刀、镊子、钥匙等任何金属物轻轻地接触一下主板上的 **PW+** 和 **PW-** 的金属触点，即电源开关位置，计算机会加电开机，如图 4-13 所示。

图 4-13　螺丝刀触发电源开关

如果能够看到计算机启动画面并进行自检，说明计算机可以正常启动，这些基本配件是没有问题的；如果计算机不能正常启动，说明有的配件有问题，需要及时检查和更换。

4.4 正式开始组装计算机

如果已经成功地让最小系统正常运行，就可以正式开始将所有配件装入机箱，完成计算机的组装过程。在正式开始组装计算机之前，首先要将已经组装的显卡从主板上拨出来，而 CPU、CPU 散热器以及内存不必从主板上拔下。

在正式组装计算机时要注意以下方面。

◆ 上螺丝的时候松紧适度，不要太紧也不要太松，以免造成部件因扭曲变形或者接触不良导致不能正常工作。

◆ 对各配件的连接要确保正确，以免因为连接不正确损坏硬件。

4.4.1　安装主板和电源

下面首先安装主板和电源。将机箱一侧的盖子打开，将机箱平稳地放在桌子或其他平坦的地方。机箱的整个机架由多块金属板组成，5.25 英寸固定架安装光驱等大尺寸设备，3.5 英寸固定架用来安装硬盘和软驱，电源固定架用来固定电源，机箱内部的大铁板用来固定主板，上面的众多固定孔用来安装螺丝。机箱的前面板中引出了一组信号线，它们分别是电源开关、复位按钮、电源指示灯、硬盘指示灯连线，需要连接到主板上的相应插口等，如图 4-14 所示。

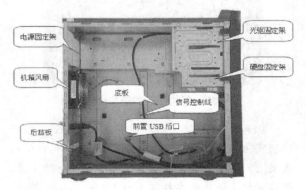

图 4-14　机箱内部构造

下面开始安装电源和主板，具体操作步骤如下。

Step 1　用螺丝刀卸掉机箱后面的螺丝，卸掉一侧面板，打开机箱。

Step 2　开始安装电源。将电源带风扇的一面与机箱上的电源固定架位置相对齐，然后用螺丝固定电源的 4 个角就行。如图 4-15 所示。

图 4-15　使用螺丝固定电源

Step 3 电源安装结束后，观察一下电源的风扇是否是被机箱后面的面板所遮挡。拧螺丝的时候要注意，先不要拧紧，等着所有螺丝都到位后再逐一拧紧。

Step 4 下面开始安装主板，在安装前首先观察主板背部接口和需要安装的接口板（如显卡），然后将机箱后面的相应位置的挡片和后挡板卸掉，如图 4-16 所示。

图 4-16 卸掉相应的挡片和后挡板

Step 5 观察主板和机箱底板的构造，然后轻轻将主板放入机箱，使主板上的螺丝孔与机箱底板上的固定孔的位置对齐。待位置完全对齐后，用螺丝把主板固定在机箱底板上，如图 4-17 所示，至此主板安装完毕。

图 4-17 安装主板

4.4.2 安装显卡

下面继续来安装显卡，一些显卡采用 AGP 接

口，在主板上通常只有一个插槽，其颜色为咖啡色。这样在安装时可以通过颜色进行辨认，具体操作步骤如下。

Step 1 首先将显卡对准插槽往下压，直到完全卡住为止，如图 4-18 所示。

图 4-18 安装显卡

Step 2 当确定显卡已经完全卡在主板的插槽上之后，再用螺丝将显卡固定在机箱上，如图 4-19 所示，至此显卡安装完毕。

图 4-19 固定显卡

4.4.3 安装硬盘

现在市面上的硬盘基本上是 SATA 硬盘，不需要再设置主从盘，因此，硬盘的安装只需要 3个步骤即可，分别是：固定硬盘、连接数据线、连接电源线。下面讲解安装 SATA 硬盘的方法。

Step 1 首先将硬盘放入 3.5 英寸固定架中，并调整硬盘的位置，使硬盘上的螺丝孔对准硬盘架上的螺丝孔的位置，然后拧紧螺丝固定硬盘，如图 4-20 所示。

图 4-20 固定硬盘

Step 2 确定硬盘的位置后，继续拧紧螺丝固定硬盘架，如图 4-21 所示。

图 4-21 固定硬盘架

Step 3 连接数据线。首先将硬盘数据线的一端接到主板上，另一端接到硬盘的数据线插座上，如图 4-22 所示。由于数据线有方向性，如插不进去，可以换方向插。

图 4-22 连接硬盘数据线

Step 4 继续将电源线连接到硬盘的电源插座上，如图 4-23 所示。至此硬盘安装完毕。

图 4-23 连接硬盘电源线

4.4.4 安装光驱

安装光驱可以分 3 个步骤进行，分别是固定光驱、连接数据线、连接电源线，需要注意的是，IDE 接口驱动器需要通过跳线来进行主从盘的设置，如图 4-24 所示。

图 4-24 通过跳线设置主从盘

下面以安装 IDE 光驱为例讲解光驱的安装。

Step 1 首先将机箱的前面板打开，如图 4-25 所示。

图 4-25 打开机箱前面板

Step 2 将光驱从机箱前方放入机箱内，如图 4-26 所示，最后调整光驱与面板平行。

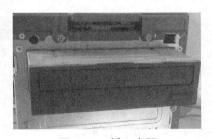

图 4-26 插入光驱

Step 3 当确定光驱上的螺丝孔和光驱固定架上的螺丝孔对应后，使用螺丝刀拧紧螺丝，将光驱固定在光驱固定架上，如图 4-27 所示。

Step 4 固定光驱后，将光驱数据线的一端接到光驱上（数据线具有方向性，若插不进去，换方向再插），另一端接到主板上的光驱插槽上，如图 4-28 所示。

图 4-27　固定光驱

图 4-29　连接电源线

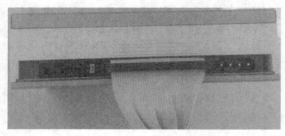

图 4-28　连接数据线

Step 5　最后将光驱电源线接到光驱的电源插座上，完成光驱的安装，如图 4-29 所示。

4.4.5　连接和整理连线

将主板、电源、显卡、硬盘以及光驱等这些主要硬件安装完毕后，需要对各配件的连线进行整理，这是装机的重要操作。

在整理机箱的连线时，首先将机箱前面板引出的各种插头插到主板上的相应位置上，这里主要有机箱的控制连线和机箱前置 USB 接口。

不同的主板或机箱对应的连接线接头上的标识可能不尽相同，但是含义大体上都是相同的，其连线接头如图 4-30 所示。

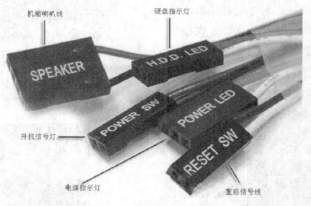

图 4-30　机箱的连接线

各接头标识代表的意义如下。
- PWR、PW、PW+、PW-或 Power SW: 计算机的开机/关机信号线。
- RS、RE、RST 或 RESET: 计算机的重启信号线。
- PWLED、PWRLED 或 Power LED: 计算机开机时机箱上的电源指示灯信号线。
- SP、SPK 或 SPEAK: 计算机喇叭输出端信号线。

- HD 或 HDD LED: 计算机开机时候硬盘指示灯信号线。

上面 5 种标识当中，前 2 种接线的时候正反无所谓，后 3 种接线的时候要注意正反，主板上的插针标识时要与机箱自带数据线的标识要一致。

当主板和机箱上的连线连接好后，还需要将 USB 接口连线进行连接。目前大多数主板都将 USB 接口前置，方便用户使用，因此需要在组装计算机时将主板上的 USB 接口同机箱上 USB 数据交换接口连接起来。在连接时，必须参考主板说明书将这些插口插在主板上的相应位置，其前置 USB 接口的连接线和主板上 USB 线插槽如图 4-31 所示。

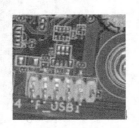

图 4-31　前置 USB 接口的连接线和主板上 USB 线插槽

4.4.6　外部组件的连接

将计算机机箱内部的硬件设备安装并连接好后，还需要将主机与外部设备进行连接，在连接时要分清各接头，然后将其插到合适的插口上。

计算机的外部设备主要有显示器、音箱、鼠标、键盘和电源线等，这些外部设备与计算机主机的连接插口一般都在机箱的后部，如图 4-32 所示。

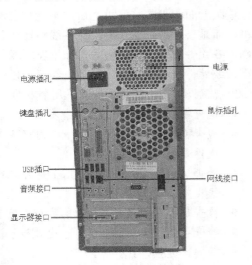

图 4-32　主机箱上的插口

1.　连接键盘与鼠标

首先连接键盘，以 PS/2 键盘为例，该键盘的接口是一个紫色圆形的接口，将键盘的 PS/2 插口直接连接到主机背面的键盘插孔即可，在插入时要注意对准键盘的插针与定位块的插孔，如图

4-33 所示。如果是 USB 键盘则直接插入机箱后面的 USB 插口即可。

图 4-33　连接键盘

当键盘连接好后，就可以连接鼠标了，如果是 PS/2 插口的鼠标，则其插口在键盘插口的旁边，为浅绿色的圆形接口，如图 4-33 所示；如果是 USB 接口的鼠标，则直接插入机箱后面的 USB 插口即可，如图 4-34 所示。

图 4-34　连接 USB 鼠标

2.　连接显示器、扫描仪和打印机

首先连接显示器，显示器有 2 条线，1 条是电源线，直接连接到电源插座上；另 1 条是信号线，需要连接到主机显卡的插孔上，如图 4-35 所示。

图 4-35　连接显示器

在连接计算机的显卡时要特别注意，不同的显卡有不同的连接插口，如果计算机使用的是集成显卡，则需要将其连接到集成显卡插口上；如果计算机使用的是独立显卡，则需要将其连接到独立显卡插口上。如图 4-36 所示，该计算机使用的是独立显卡，而 VGA 连接线则被错误地连接到了集成显卡的插口上。

打印机和扫描仪的连接插口一般都是 USB 接

口，因此，可以直接将其插到机箱后面的 USB 接口上即可，然后安装上相应的驱动，打印机和扫描仪就可以使用了。

图 4-36　VGA 连接线的错误连接方法

3. 连接网线与电源线

不管是家用上网型还是商务办公型，抑或是游戏玩家型以及图形图像型计算机，基本上都需要接入互联网。互联网的接入一般是通过双绞线接入的。网线的一头连接在路由器或者交换机上，另一端则连在个人计算机上。连接网线的时候，直接将网线的水晶头插到主板上的对应网卡插槽即可，具体过程如下。

Step 1　首先将双绞线的一端接到主机的网卡接口上，如图 4-37 所示。

图 4-37　连接网线

Step 2　再将网线的另一端连接到交换机上，如图 4-38 所示，至此网线就连接完毕。

图 4-38　连接到交换机上

Step 3　当所有设备都连接好之后，就可以连接主机的电源线了。电源线一端接到主机的电

源插孔上，如图 4-39 所示，另一端接到电源插座上即可，这样就可以为计算机主机供电了。

图 4-39　连接主机电源线

Step 4　至此，计算机组装完成。

4.5　加电自检

当完成计算机的组装后，还需要对计算机通电进行相关的检查，也就是所谓的"加电自检"。

4.5.1　通电前的检查

按照上面的步骤装好机之后，不能马上通电开机，而是要仔细检查一遍，看各线路连接是否正确，各元件安装是否牢固等，如果发现线路连接错误或元件安装错误，可以马上纠正，以免通电后出现意外。在检查时注意以下几个方面。

◆ 检查主板上的各个跳线连接是否正确。
◆ 检查 CPU/CPU 风扇、显卡、内存条等各配件安装是否稳固。
◆ 检查 CPU 风扇、显卡风扇上是否与其他线相交。
◆ 检查是否有螺丝或者裸露的线在主板上。
◆ 检查各外部设备是否接好，比如显示器、音响、键盘、鼠标等。
◆ 最后检查机箱内有没有别的杂物。

4.5.2　通电检测

完成对主机检查之后即可通电打开主机，同时打开显示器、音响等外部设备的开关，但最好不要盖机箱盖，查看主机开机后是否有冒烟现象，或者有烧焦的异味等，如果发现有这些情况应立即关机，再次检查主机，找出事故的原因。

如果开机后各个配件均正常启动，一切没有问题，再检查 BIOS 自检是否通过，如果通过，会有"嘟"的一声，否则要检查是否是因为装机不当或者硬件故障引起的问题。

如果在启动时显示器无任何显示，可以按照下面的方法查找原因。

- ◆ 确认给主机电源供电。
- ◆ 确认给主板供电。
- ◆ 确认 CPU 安装正确。
- ◆ 确认内存安装正确，并且确认内存是好的。
- ◆ 确认显卡安装正确。
- ◆ 确认主板内的信号线连接正确。
- ◆ 确认显示器和显卡的连接正确，并且确认显示器通电。

如果一切没有问题，然后关机，断电，并将机箱盖合上，同时拧紧机箱后面板上的螺丝，如图 4-40 所示。千万注意，这个操作过程是在断电情况下进行的。

图 4-40　固定机箱面板

4.6　系统检测和性能评估

组装完计算机后，需要对计算机的硬件进行相关的测试，同时能对组装的计算机进行一个整体的性能评价。比较流行的系统检测和性能评价软件有 Everest、SiSoftware Sandra、PCMark 等，在此着重推荐国产软件"鲁大师"。

"鲁大师"提供国内最领先的计算机硬件信息检测技术，包含最全面的硬件信息数据库。与国际知名的 Everest 相比，"鲁大师"给用户提供更加简洁的报告，而不是一大堆连很多专业级别的用户都看不懂的参数。与其他国际知名的 CPU-Z（主要检测 CPU 信息）、GPU-Z（主要检测显卡信息）相比，"鲁大师"提供更为全面的检测项目，并支持最新的各种 CPU、主板、显卡等硬件。

"鲁大师"是应用软件，因此，只有安装好系统之后才能安装"鲁大师"。但由于"鲁大师"本身是一款不依赖注册表的绿色软件，所以用户只要直接将鲁大师所在目录（默认是 C:\Program Files\LuDaShi）复制或打包压缩即可得到"鲁大师"绿色版。用户可以把"鲁大师"目录复制到 U 盘，随身携带，方便使用，其主界面如图 4-41 所示。

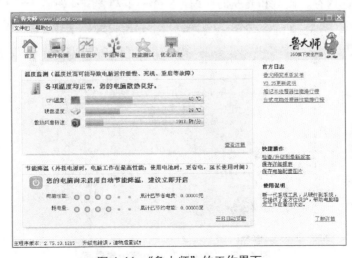

图 4-41　"鲁大师"的工作界面

4.6.1　检测硬件参数

硬件检测工具通常用来检测硬件设备的各项指标参数和工作状态，经常用来测试硬件的真假和性能，但是不会对整机的性能参数做出相应的评价。这里推荐使用"鲁大师"对计算机进行系统性评价。

首先选择硬件检测功能，可以检测出这台计算机的整体配置。从图 4-42 所示可以很清楚地显示出这台计算机的处理器、主板、内存、硬盘、显卡等硬件的型号，这样可以辨别硬件的真伪。

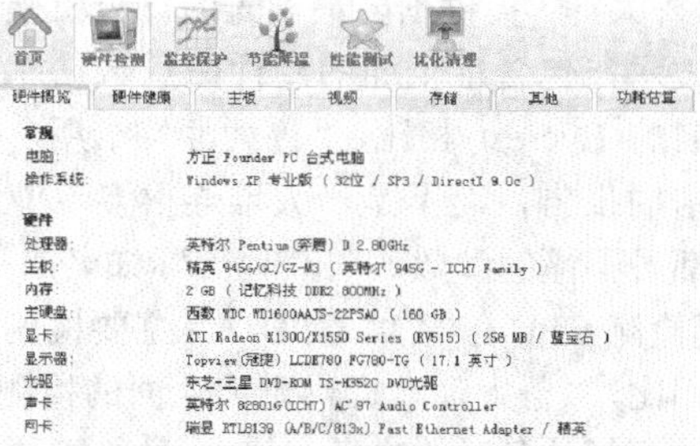

图 4-42　"鲁大师"的硬件概览界面

选择硬件检测面板中的【主板】选项卡，可以显示出当前计算机的 CPU 和主板的详细配置，包括处理器类型、核心数目、插槽类型、主频、缓存等 CPU 的性能参数，还包括主板的型号、芯片组和 BIOS 等，如图 4-43 所示，这样可以真实地判断出自己选购的配件是否和卖家描述的一样。

选择硬件检测面板中的【存储】选项卡，可以显示出当前计算机的内存、硬盘和光驱的详细配置，包括内存的类型，硬盘的厂家、接口类型、数据传输率等性能参数，以及光驱的厂家、缓存、固件类型等，如图 4-44 所示。

图 4-43　"鲁大师"的主板检测界面

图 4-44　"鲁大师"的存储检测界面

选择硬件检测面板中的【视频】选项卡，可以显示出当前计算机的显卡和显示器的详细配置，包括显卡的生产商、总线、BIOS、驱动，以及显示器的品牌、制造日期、屏幕尺寸、显示比例、分辨率等，如图 4-45 所示。

图 4-45　"鲁大师"的视频检测界面

4.6.2　性能测试

衡量一台计算机的性能不能仅仅看 CPU 的频率、核心数量和内存的大小，还要综合看各个子系统的情况。在测试一台计算机的整体性能时，用户需要一款比较全面的软件来对自己组装的计算机进行全面地评价。这里主要介绍如何使用"鲁大师"的性能测试功能检查组装完成的计算机，具体操作过程如下。

首先运行"鲁大师"，然后在其主界面上单击【性能测试】按钮进入性能测试面板，然后单击【开始测试】按钮，如图 4-46 所示。

图 4-46　"鲁大师"的性能测试界面

单击【开始测试】按钮后，会进入如图 4-47 所示的界面，软件会自动进行性能测试。

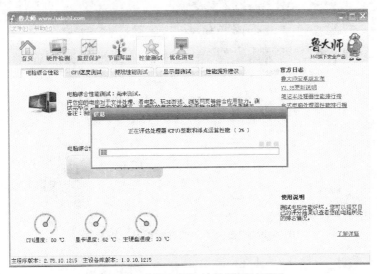

图 4-47　"鲁大师"的性能测试界面

　　性能测试结束后，会给计算机一个综合性能评分，并且显示计算机的档次，以及可以支持的应用，如图 4-48 所示。

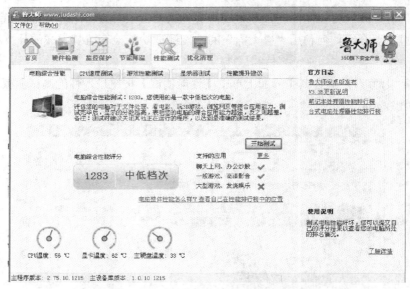

图 4-48　"鲁大师"的性能测试结果界面

　　除了对计算机综合测试之外，"鲁大师"还能对计算机的 CPU 速度、游戏性能、显示器性能进行测试，如图 4-49 所示，对现有计算机的性能提出提升的意见。如图 4-50 所示，是"鲁大师"对该台计算机的 CPU 进行性能测试后的界面。

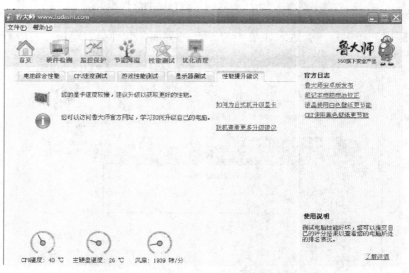

图 4-49　"鲁大师"的性能提升建议界面

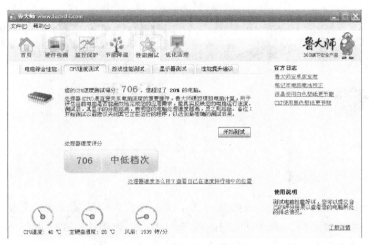

图 4-50 "鲁大师"的 CPU 性能测试界面

4.7 上机与练习

1. 单项选择题

（1）不同的主板或机箱对应的连接线接头上的标识可能不尽相同，PWR、PW、PW+、PW-或 Power SW 代表的意思是（　）。

    A. 计算机的开机/关机信号线

    B. 计算机的重启信号线

    C. 计算机喇叭输出端信号线

    D. 计算机开机时候硬盘指示灯信号线

（2）计算机喇叭输出端信号线是主板或机箱对应的连接线接头上（　）标识。

    A. SP、SPK 或 SPEAK

    B. PWR、PW、PW+、PW-或 Power SW

    C. PWLED、PWRLED 或 Power LED

    D. HD 或 HDD LED

2. 多项选择题

（1）根据装机的目标不同，可以分为哪几种类型的装机（　）。

    A. 家用学习型　　　B. 商务办公型

    C. 游戏玩家型　　　D. 图像影音型

（2）下列哪些设备需要单独供电，所以需要一个多插孔的电源插座（　）。

    A. 主机　　　　　　B. 显示器

    C. 打印机　　　　　D. 音箱

（3）在装机之前，用户还必须注意以下几个问题，以避免在装机过程中造成不必要的硬件损坏（　）。

    A. 消除静电

    B. 不要带电操作

    C. 避免液体的伤害

    D. 避免粗暴的安装方法

（4）最小系统即由下列哪些配件构成的系统（　）。

    A. CPU　　　　　　B. 主板

    C. 内存　　　　　　D. 显示器

（5）如果已经成功地让最小系统正常运作，就可以将所有配件装入机箱，完成组装过程。这时可以拆散已组装的最小系统，显卡需要从主板上拔出来，但不必从主板上拔下（　）。

    A. CPU　　　　　　B. CPU 散热器

    C. 内存　　　　　　D. 显卡

（6）安装硬盘主要有 3 个步骤：（　）。

    A. 固定硬盘　　　　B. 连接数据线

    C. 连接电源线　　　D. 连接网线

3. 动手实践

（1）为计算机添加一条内存条。

（2）为计算机额外加一块硬盘。

BIOS 和 CMOS 设置

第5章

学习目标

计算机组装完成后，还必须对 BIOS 进行基本的设置，使计算机能协调各个配件正常工作。本章学习 BIOS 和 CMOS 的相关知识，理解 BIOS 和 CMOS 的相关概念，掌握 BIOS 参数的具体设置方法。

学习重点

熟悉 BIOS 的功能、种类；掌握 CMOS 的密码清除方法以及 CMOS 和 BIOS 的区别；掌握 Standard CMOS Features、Advanced BIOS Features、Integrated Peripherals、PC Health Status、Integrated Peripherals 等 BIOS 参数的设置方法。

主要内容

- ◆ BIOS 的相关知识
- ◆ CMOS 的相关知识
- ◆ BIOS 的参数设置

5.1　BIOS 的相关知识

BIOS 是基本输入/输出系统（Basic Input & Output System）的简称。所谓基本输入输出系统，就是指正常启动计算机所必需的条件。启动计算机时，CPU 首先要根据集成在主板、显卡等设备上的 BIOS 芯片来核对每个基础设备是否正常，然后再进行下一步。计算机用户在使用计算机的过程中，都会接触到 BIOS，它在计算机系统中起着非常重要的作用。

5.1.1　BIOS 功能

BIOS 有 3 个功能，分别是自检以及初始化、程序服务和设定中断。下面进行一一讲解。

1. 自检及初始化

开机后 BIOS 最先被启动，然后它会对计算机的硬件设备进行完全彻底地检验和测试。如果发现问题，分两种情况处理：一种是严重故障则停机，不给出任何提示或信号；另一种是非严重故障，则给出屏幕提示或声音报警信号，等待用户处理。如果未发现问题，则将硬件设置为备用状态，然后启动操作系统，把对计算机的控制权交给用户。

2. 程序服务

BIOS 直接与计算机的 I/O（Input/Output，即输入/输出）设备打交道，通过特定的数据端口发出命令，传送或接收各种外部设备的数据，实现软件程序对硬件的直接操作。

3. 设定中断

开机时，BIOS 会告诉 CPU 各硬件设备的中断号，当用户发出使用某个设备的指令后，CPU 就根据中断号使用相应的硬件完成工作，结束后再根据中断号跳回原来的工作。

5.1.2　BIOS 种类

BIOS 根据制造主板厂商的不同可以分为：

AWARD BIOS、AMI BIOS、PHOENIX BIOS 以及其他的免跳线 BIOS 和品牌机特有的 BIOS，如 IBM 等。如今 PHOENIX 已经被 AWARD 收购，所以最新的主板 BIOS 只有 AWARD 和 AMI 两家提供商。因此在台式机主板方面，其虽然标有 AWARD-PHOENIX，其实际还是 AWARD 的 BIOS。Phoenix BIOS 多用于高档的 586 原装品牌机和笔记本电脑上，其画面简洁，便于操作。

尽管各种 BIOS 的显示画面和操作方式不一样，但其功能大都相同。本书主要以 AWAED BIOS 为主展开学习。

1. AWARD BIOS

AWARD BIOS 由 AWARD 公司生产。AWARD 是世界上最大的 BIOS 生产厂商之一，其产品被广泛使用。如图 5-1 所示是 AWARD BIOS 的主界面。

图 5-1　AWARD BIOS 主界面

2. AMI BIOS

AMI BIOS 由美国 AMI 公司出品，开发于 20 世纪 80 年代中期。如图 5-2 所示是 AMI BIOS 的主界面。

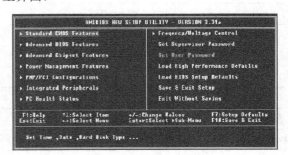

图 5-2　AMI BIOS 主界面

3. PHOENIX BIOS

PHOENIX BIOS 普遍用来控制笔记本电脑内的设置，界面与 AWARD 竖式菜单有点相似，但是操作方法有点不同。如图 5-3 所示是 PHOENIX BIOS 主界面。

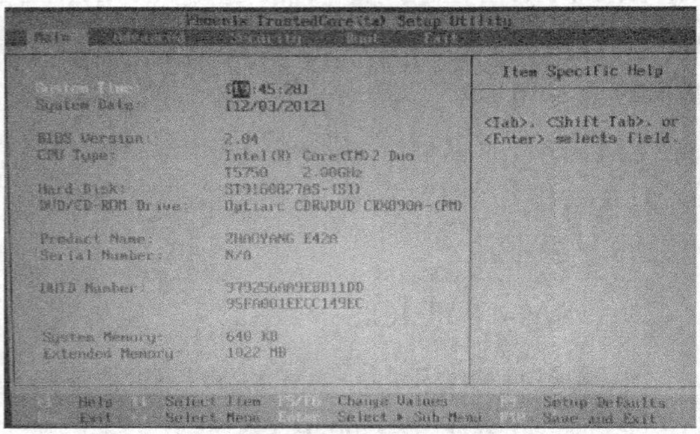

图 5-3　PHOENIX BIOS 主界面

5.1.3　BIOS 报警

当计算机自检不通过时，BIOS 会发出报警声，用户可以根据报警声音的不同，采取相应的措施来使计算机正常开机。

下面通过表的形式，介绍 3 种 BIOS 所产生的报警铃声以及代表的意义。其中，表 5-1 为 AWAED BIOS 的自检铃声及其意义；表 5-2 为 AMI BIOS 的自检铃声及其意义；表 5-3 为 PHOENIX BIOS 的自检铃声及其意义。

表 5-1　AWAED BIOS 的自检铃声及其意义

铃声信号	错误原因
1 短	系统正常启动
2 短	常规错误
1 长 1 短	主板或者内存错误
1 长 2 短	显示器或者显卡错误
1 长 3 短	键盘控制器错误，需要检查主板
1 长 9 短	主板 Flash ROM 或 EPROM 错误
不断地长声响	内存条未插紧或损坏
不断地短声响	电源、显示器未和显卡连接好
重复短响	电源问题
无声音无提示	电源问题

表 5-2　AMI BIOS 的自检铃声及其意义

铃声信号	错误原因
1 短	内存刷新失败
2 短	内存奇偶校验错误
3 短	系统基本内存检查失败
4 短	系统时钟出错
5 短	CPU 错误
6 短	键盘控制器错误
7 短	系统实模式错误
8 短	显存读/写错误
9 短	ROM BIOS 检验出错
1 长 3 短	内存错误
1 长 8 短	显示测试错误

表 5-3　PHOENIX BIOS 的自检铃声及其意义

铃声信号	错误原因
2 声-2 声-3 声	ROM BIOS 检查码发生错误
3 声-1 声-1 声	内存更新错误
3 声-1 声-3 声	键盘控制器发生错误
3 声-4 声-1 声	512K 地址的译码器电路发生错误
3 声-4 声-3 声	512K 地址的主存储器发生错误
2 声-1 声-2 声-3 声	BIOS 版权遭修改
2 声-1 声-2 声-3 声	CPUF 发生异常中断

5.2 关于 CMOS

CMOS 是指互补金属氧化物半导体，是计算机主板上的一块可读写的 RAM 芯片，用来保存当前系统的硬件配置和用户对某些参数的设定。CMOS 由主板的电池供电，即使系统断电，CMOS 里面的信息也不会丢失。CMOS 电池的使用寿命一般为 3~5 年，电量用完后，需要更换新的电池。

5.2.1　CMOS 密码的清除方法

如果在计算机中设置了开机密码，而用户碰巧忘记了这个密码，那么用户将无法进入计算机系统。但是密码是存储在 CMOS 中的，而 CMOS

必须有电才能保持其中的数据。所以，我们可以通过对 CMOS 放电来清空 CMOS 里面的信息，以达到清空密码的目的，其操作如下。

首先打开机箱，找到主板上的电池，将其与主板的连接断开（其实就是取下电池）如图 5-4 所示。此时 CMOS 将因断电而失去内部储存的一切信息，几秒后再将电池装上，合上机箱开机。由于 CMOS 已是一片空白，它将不再要求用户输入密码。

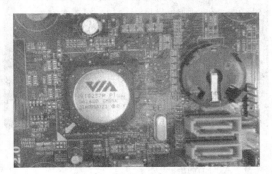

图 5-4　从主板上抠出 CMOS 电池

5.2.2　CMOS 和 BIOS 的区别

BIOS 是一组用来设置硬件的计算机程序，保存在主板上的一块 ROM 芯片中。而 CMOS 是计算机主板上的一块可读写的 RAM 芯片，用来保存当前系统的硬件配置情况和用户对某些参数的设定。CMOS 芯片由主板上的充电电池供电，即使系统断电，参数也不会丢失。CMOS 芯片只有保存数据的功能，而对 CMOS 中各项参数的修改要通过 BIOS 的设定程序来实现。

5.3　BIOS 参数设置详解

这一节主要以 AWARD-PHOENIX 的 BIOS 为例，介绍 BIOS 参数设置。进入 BIOS 设置界面最常用的方法如下。

开机启动后按一下 Delete 键或者 Ctrl+Alt+Esc 组合键进入 BIOS 设置界面。进入 BIOS 后的第一屏就是主菜单，如图 5-5 所示。界面中显示了 BIOS 所提供的设定项目类别。可使用

键盘中向上或向下方向键选择不同的菜单，然后按 Enter 键进入相应的选项。如果要退出，可以按 Esc 键退出相应的菜单。

如果某个菜单的左边有个向右的三角符号，则表明此菜单中还有附加的子菜单。要进入子菜单，用键盘上向上或向下的方向键选择此菜单，然后按 Enter 键进入子菜单。另外，可以使用控制键在子菜单里面改变设定值。如果要从子菜单回到主菜单，可按下 Esc 键。直接按键盘上的 F10 键可以保存修改并退出 BIOS。

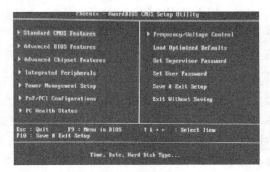

图 5-5　BIOS 设置主界面

主板的 BIOS 设置项目众多，设置比较复杂，下面来一一讲解主板的 BIOS 的设置方法。

5.3.1　Standard CMOS Features

Standard CMOS Features 的意思是标准 CMOS 设置。从主菜单中选择 Standard CMOS Features 选项，按 Enter 键进入标准 CMOS 设置界面，如图 5-6 所示。

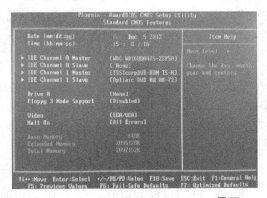

图 5-6　Standard CMOS Features 界面

在 Standard CMOS Features 设置中,用户可以修改系统时间、系统日期、硬盘类型、软盘驱动器类型和显示器类型等。

1. Date

Date 用来设置日期,格式为"月:日:年",只要通过方向键把光标移到需要更改的位置,用键盘上的 Page Up 键和 Page Down 键即可进行更改。也可以直接通过键盘上的数字键修改日期。

2. Time

Time 用来设置时间,格式为"小时:分钟:秒",其修改方法和日期的一样。

3. IDE Channel

IDE Channel 用于设置硬盘以及光驱参数。由图 5-6 中 IDE Channel 列出的选项可知,主板支持并口设备,即 IDE channel,同时知道硬盘与光驱的设置情况。每个插槽可接两个并口设备,所以显示两个 IDE Channel 0 和两个 IDE Channel 1(如:在第二条并口线上,分别连接设置了主从的普通光驱和刻录机)。IDE Channel 0 的 Master 接口(主接口)上接入了一块硬盘,IDE Channel 0 的 Slave 接口(从接口)没有接设备。

4. Drive A

Drive A 是用来设置软盘类型的选项,现在大多数的计算机没有软驱,这里直接选择"None"即可。Floppy 3 Mode Support 用来设置是否支持 Floppy 3 模式,该模式是用来支持日本标准软驱的,将其设为"Disabled"即可,表示不需支持该模式。

5. Video

Video 用来设置显卡类型。常用的显卡类型有 EGA/VGA、CGA40、CGA80、MONO 等,如图 5-7 所示,默认的是"EGA/VGA"方式,一般不需要改动。

6. Halt On

该项是针对 BIOS 的自检而设的。当自检的过程中发现错误时,会根据此项的设置值决定下一步如何执行。可以设置的值有 All Errors、No Errors、All But Keyboard、All But Diskette、All But Disk/Key,如图 5-8 所示。

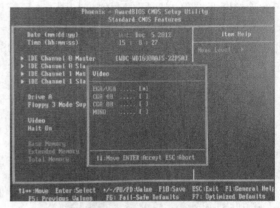

图 5-7 常用显卡类型

- All Errors: 表示检测到任何错误时,就会立即暂停,并显示出相应的信息,为默认值。
- No Errors: 表示无论检测到任何错误,仍继续执行。
- All But Keyboard: 表示除了键盘的错误外,检测到其他错误就停止,并显示信息。
- All But Diskette: 表示除了磁盘驱动器的错误外,检测到其他错误就停止,并显示信息。
- All But Disk/Key: 表示除了键盘和磁盘驱动器的错误外,检测到其他错误就停止,并显示信息。

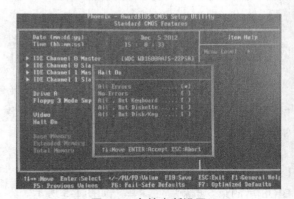

图 5-8 自检中断设置

5.3.2　Advanced BIOS Features

Advanced BIOS Features 指高级 BIOS 设置，主要用来对主板上的芯片进行设置，包括缓存、启动顺序等，如图 5-9 所示。

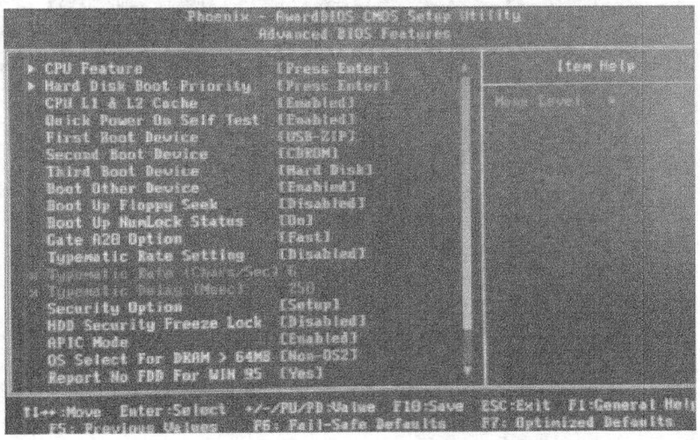

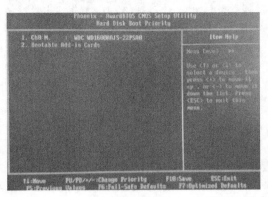

图 5-9　Advanced BIOS Features 界面

1. CPU Feature

CPU Feature 用来控制 CPU 状态（主要是温度），意思是当温度达到多少时就自动改变 CPU 的性能（达到降温目的）。设置之后，如果超过用户设置的温度就会自动关机。展开 CPU Feature 菜单，如图 5-10 所示。

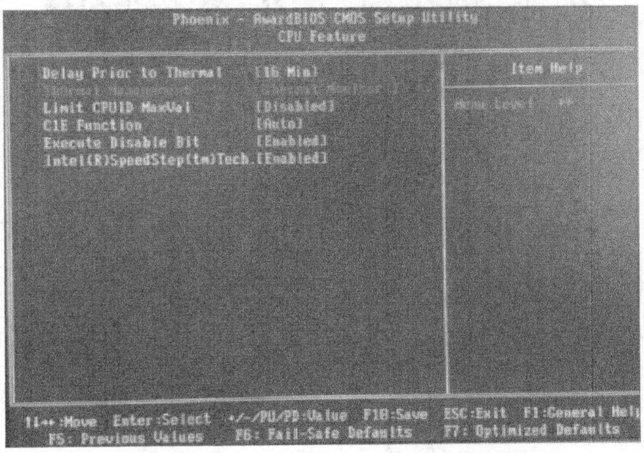

图 5-10　CPU Feature 界面

第 1 项是 Delay Prior to Thermal（超温优先延迟），是指当 CPU 的温度达到了计算机出厂时设置的温度后，计算机的时钟将被适当延迟。温度监控装置开启后，由处理器内置传感器控制的时钟模组也被激活以保持处理器的温度限制。常用的设定值有：4 Min、8 Min、16 Min、32 Min 等。

使用默认值 16Min 即可。

2. Hard Disk Boot Priority

Hard Disk Boot Priority 选项用来设置硬盘的启动顺序。其界面如图 5-11 所示。

图 5-11　Hard Disk Boot Priority 界面

该界面会列出计算机插入的全部硬盘，计算机启动时优先启动位置靠前的硬盘。如果想调整硬盘的启动顺序，可先利用键盘上的向上或向下方向键选择硬盘，然后使用+号键或-减号键来调整顺序。

3. CPU L1 & L2 Cache

CPU L1 & L2 Cache 用来设置 CPU 高速缓存的运行情况，其有个 2 个选项分别是 Disabled 和 Enabled。一般情况下选择 Enabled，如图 5-12 所示，表示开机时启动 CPU 的一级和二级缓存。

图 5-12　CPU L1 & L2 Cache 界面

4. Quick Power On Self Test

Quick Power On Self Test 选项用来设置快速

加电自检测，界面如图 5-13 所示。

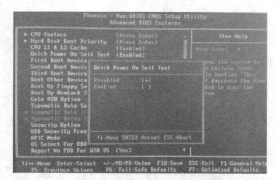

图 5-13　Quick Power On Self Test 界面

有 2 个选项：分别是 Disabled 和 Enabled。一般情况下选择 Disabled 选项。

◆ Enabled：表示使系统跳过某些自检选项（如内存完全检测），不过开启之后会削弱系统的纠错能力。

◆ Disabled：表示禁用快速启动，这样开机的速度会明显减慢。

5.　First/Second/Third Boot Device

First/Second/Third Boot Device 选项用来设置引导设备的启动顺序，即设置第一、第二、第三优先开机设备。打开 First Boot Device 菜单可以看见有很多选项，如图 5-14 所示。比较常用的开机设备有 Floppy、Hard Disk、CDROM、USB-FDD、USB-ZIP、USB-CDROM 等。

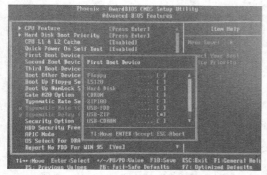

图 5-14　First/Second/Third Boot Device 界面

6.　Boot Other Device

该选项用来设置计算机从除光驱、硬盘、U

盘外的其他设备启动。这里有 2 个选项分别是 Disabled 和 Enabled，默认选择 Enabled，如图 5-15 所示。

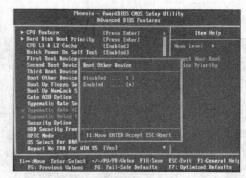

图 5-15　Boot Other Device 界面

7.　Boot Up Floppy Seek

该选项用来设置开机时是否需要检测软盘驱动器，默认为 Enabled。如果计算机本身没有软驱或者有软驱但并不使用软盘操作，可以选择 Disable 选项，禁用软盘自检扫描，节省开机时间。如果有软驱，并且想用软盘的话，就选择 Enabled 选项，如图 5-16 所示。

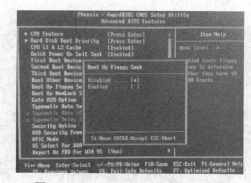

图 5-16　Boot Up Floppy Seek 界面

8.　Boot Up NumLock Status

Boot Up NumLock Status 用来设置计算机启动后小键盘的状态，其界面如图 5-17 所示。有 2 个选项，分别是 Off 和 On。

◆ 值为 On 时：启动后小键盘灯亮并启用小键盘。

◆ 值为 Off 时：启动后默认不开启小键盘。

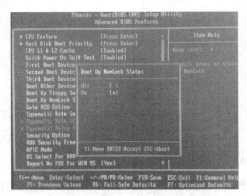

图 5-17 Boot Up NumLock Status 界面

5.3.3 Advanced Chipset Features

Advanced Chipset Features 指芯片组高级设置，其界面如图 5-18 所示，主要是来设置主板上的芯片属性，这与每一种芯片的具体特性相关，这里就不具体介绍了。

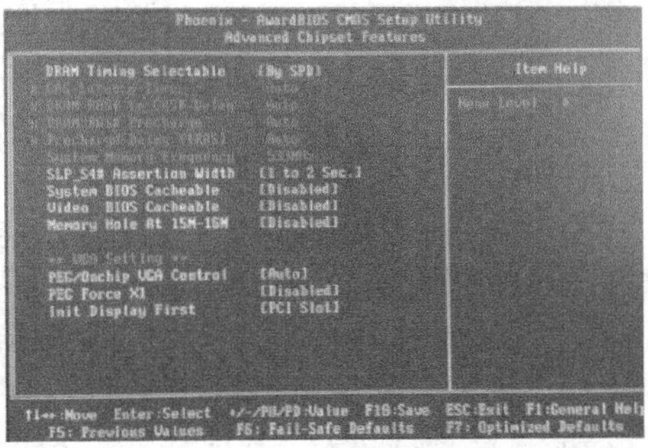

图 5-18 Advanced Chipset Features 界面

5.3.4 Integrated Peripherals

Integrated Peripherals 用来设置计算机的外围设备，包括串行口、并行口和 USB 接口等的设置。Integrated Peripherals 界面如图 5-19 所示。

各选项说明如下。

1. OnChip IDE Device

OnChip IDE Device 用来对连接在主板上的 IDE 设备进行设置，比如硬盘、光驱接口等，其界面如图 5-20 所示。

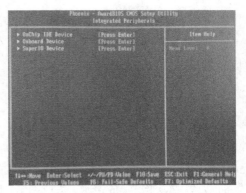

图 5-19 Integrated Peripherals 界面

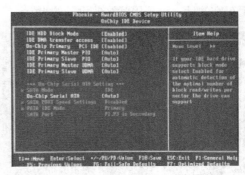

图 5-20 OnChip IDE Device 界面

◆ IDE HDD Block Mode: 设置硬盘用快速块模式来传输数据。

◆ IDE DMA transfer access IDE: 设置硬盘的 DMA 通道传输访问。

◆ On-Chip Primary PCI IDE: 设置板载第一条 PCI 插槽。整合周边控制器包含了一个 IDE 接口，可支持两个 IDE 通道，选择 Enabled 可以独立地激活每个通道。默认值为 Enabled。

◆ IDE Primary Master PIO: 设置 IDE 第一主 PIO 模式。IDE PIO（可编程输入/ 输出）项允许为板载 IDE 支持的每一个 IDE 设备设定 PIO 模式（0 ~ 4）。默认选择 Auto 模式，系统自动决定每个设备工作的最佳模式。设定值有：Auto、Mode 0、Mode 1、Mode 2、Mode 3 和 Mode 4。模式 0 到 4 提供了递增的性能表现。

◆ IDE Primary Master UDMA: 设置 IDE 第

一主 UDMA 模式。设定值有: Auto (自动)、Disabled (禁用)。默认选择 Auto 选项。

◆ On-Chip Serial ATA: 设置硬盘并口连接方式。

2. Onboard Device

Onboard Device 意思是 "板载设备",界面如图 5-21 所示。板载设备就是指主板上面集成的各种设备,如集成显卡、集成声卡、集成网卡、USB 接口、键盘接口、鼠标接口等。如果用户计算机使用正常的话,可不用管这些设备的设置。

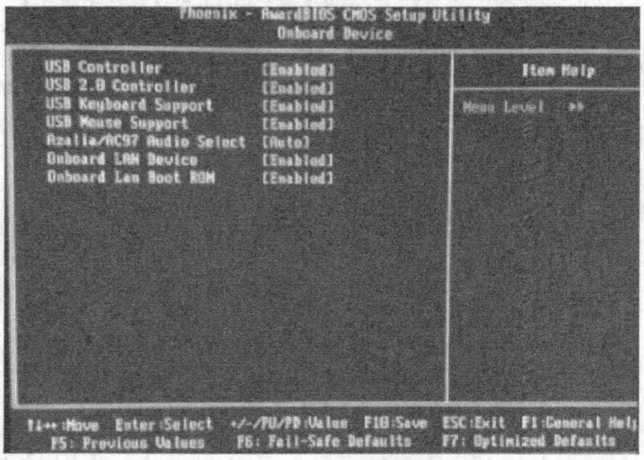

图 5-21 Onboard Device 界面

3. Super IO Device

Super IO Device 用来设置板载 I/O 控制功能,包括早期的软驱设置,以及串行、并行端口的设置,比如并口打印机等的设置,其界面如图 5-22 所示。

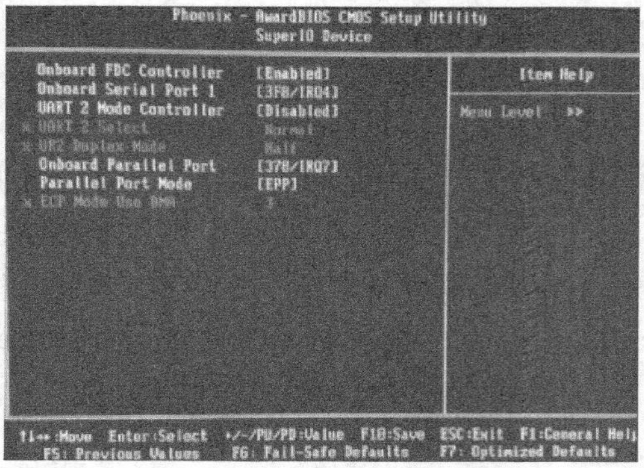

图 5-22 Super IO Device 界面

◆ Onboard FDC Controller: 软驱控制器。
◆ Onboard Serial Port l: 串行端口。
◆ Onboard Parallel Port: 打印机接口。
◆ Parallel Port Mode: 并口的模式设置。

5.3.5 Power Management Setup

Power Management Setup 用来进行电源的相关管理设置,其界面如图 5-23 所示。

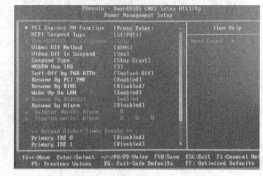

图 5-23 Power Management Setup 界面

下面对各选项进行一一讲解。

1. ACPI Suspend Type

ACPI Suspend Type 用来设置 ACPI 功能的节电模式。ACPI 是 Advanced Configuration and Power Interface 的缩写,意思是 "高级配置与电源接口"。

ACPI 共有 6 种状态,分别是 S0~S5,它们代表的含义分别如下。

◆ S0: 正常。实际上这就是计算机平常的工作状态,所有设备全开。
◆ S1: CPU 停止工作。也称为 POS (Power on Suspend),这时除了 CPU 停止工作之外,其他的部件仍然正常工作。
◆ S2: CPU 关闭。CPU 处于停止运作状态,但其余的设备仍然运转。
◆ S3: 除内存外的其他部件都停止工作 (睡眠状态)。
◆ S4: 系统主电源关闭,但是硬盘仍然带电并可以被唤醒 (休眠状态)。
◆ S5: 关机。

2. Video Off Method

Video Off Method 用来设置屏幕的省电模式，其界面如图 5-24 所示。默认为 DPMS（显示器电源管理）。一般不用再设置，因为进入 Windows 后屏幕会自动被系统接管，不直接受 BIOS 控制了。

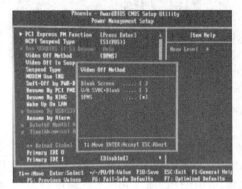

图 5-24　Video Off Method 界面

Video Off Method 有 3 个选项，分别是 DPMS、Blank Screen 和 V/H SYNC+Blank。

- V/H SYNC+Blank: 将屏幕变为空白，并停止垂直和水平扫描。
- Blank Screen: 将屏幕变为空白。
- DPMS: 显示器电源管理，允许 BIOS 控制支持 DPMS 节电功能的显卡。

3. Soft-Off by PWR-BTTN

Soft-Off by PWR-BTTN 用来设置计算机的软关机方式，即当在系统中点击"关闭计算机"或运行关机命令后的计算机关机方式。其界面如图 5-25 所示。

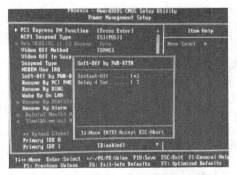

图 5-25　Soft-Off by PWR-BTTN 界面

Soft-Off by PWR-BTTN 设定值有 Instant-off 和 Delay 4 Sec。

- Instant-off: 立即关机。
- Delay 4 Sec: 延迟 4s 后关机。

4. Power Management Setup 的其他设定值

- Video Off In Suspend: 在挂起中关闭视频。
- MODEM Use IRQ: 调制解调器的中断值。
- Resume By PCI PME: 设置是否采用 PCI 设备唤醒。
- Resume By RING: 设置是否采用 Modem 唤醒。
- Wake Up On LAN: 设置是否采用局域网唤醒。
- Resume by Alarm: 设置是否采用定时开机。

5.3.6　PnP/PCI Configurations

PnP/PCI Configurations 用来对即插即用、ISA 和 PCI 等设备的设置，其界面如图 5-26 所示。

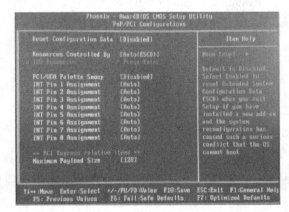

图 5-26　PnP/PCI Configurations 界面

下面对各选项进行一一讲解。

1. Reset Configuration Data

Reset Configuration Data 用来重置配置数据，通常此项设置为 Disabled。例如安装了一个新的外接卡，如果系统在重新配置后产生严重的冲突，导致无法进入操作系统，此时将此项设置为 Enabled，就可以避免冲突了，即可进入系统。

Reset Configuration Data 设定值有 2 个，分别是 Disabled（禁用）和 Enabled（开启）。

2. Resource Controlled By

Resource Controlled By 指的是资源控制，用来配置所有的引导设备和即插即用兼容设备，其界面如图 5-27 所示。

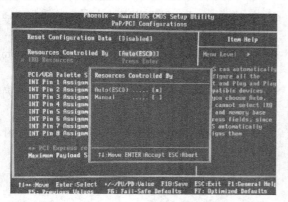

图 5-27　Resource Controlled By 界面

Resource Controlled By 设定值有 2 个，分别是 Auto（ESCD）和 Manual。

◆ Auto (ESCD)：自动配置所有的引导设备和即插即用兼容设备。

◆ Manual：手动配置所有的引导设备和即插即用兼容设备。

3. Maximum Payload Size

Maximum Payload Size 可以设置 PCI Express 总线的净载荷大小，建议保留默认值。可用选项分别有 128、256、512、1024、2048、4096 等。

5.3.7　PC Health Status

PC Health Status 可对计算机稳定以及健康状态进行检测，可以用来设定风扇的转速、CPU 的温度、关机温度等。CPU 风扇会根据设定的 CPU 温度开始转动，到达设定的关机温度后会自动关闭。其界面如图 5-28 所示。

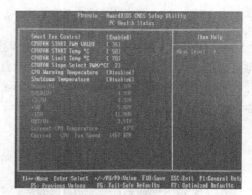

图 5-28　PC Health Status 界面

下面对各选项进行一一讲解。

1. Smart Fan Control

Smart Fan Control 是指风扇智能控速。启用了该选项，主板会按照 CPU 实际温度来控制 CPU 风扇速度，当温度升高了就会提高风扇转速，温度低的时就会降低转速。此功能比较省电，而且静音效果不错，因为 CPU 发热不大的时候可以降速，这样就可以把噪声降到最小。但有一点值得提醒，超频用户不建议用这个功能，因为超频会让 CPU 功耗增大，发热量也会增大。Smart Fan Control 设定值有：Disabled（禁用）和 Enabled（开启），建议选择 Enabled 选项。

2. CPUFAN START PWM VALUE

CPUFAN START PWM VALUE 用来控制 CPU 风扇开始工作时的基本转速。当然，这个值需要针对不同品牌（型号）的 CPU 风扇进行相应的设定。

3. CPUFAN START Temp ℃

用来设定当处理器工作温度达到多少摄氏度以后 CPU 风扇开始工作。

4. CPUFAN Limit Temp ℃

用来设定当处理器工作温度达到多少摄氏度以后 CPU 风扇停止工作。

5. CPUFAN Slope Select PWM/℃

用来控制当 CPU 温度每升高 1℃时，CPU 风扇的转速随之提升多少。这里不是用直观的转速来表示，而是用能控制风扇转速的 PWM 值来表示。

6. CPU Warning Temperature

CPU Warning Temperature 用来设置 CPU 温度警告值，当温度达到设定的值的时候，主板会有提示报警声音。这个值不能设得太低，太低容易重启；也不要太高，太高容易烧坏 CPU。

7. Shutdown Temperature

CPU Shutdown Temperature 用来设置 CPU 温度关机值，当 CPU 温度达到设定的值的时候，计算机会自动关机。

5.3.8　Frequency/Voltage Control

Frequency/Voltage Control 用来设置 CPU 的频率和电压控制，一般情况下选择 Enabled 选项即可。其界面如图 5-29 所示。

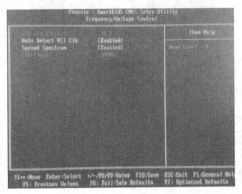

图 5-29　Frequency/Voltage Control 界面

5.3.9　Set User/ Supervisor Password

Set User/Supervisor Password 用来设置普通用户密码和超级用户密码。普通用户只能查看 CMOS 里面的相关设置，而超级用户不但有查看 CMOS 设置的权限，而且有修改 CMOS 设置的权限。设置好密码后进入系统时需要输入密码。其界面如图 5-30 所示。

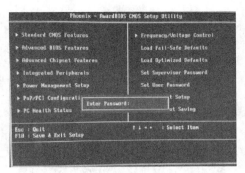

图 5-30　Set User Password 界面

下面对各选项进行一一讲解。

1. Set Supervisor Password

Set Supervisor Password 用来设置管理员密码，可以防止别人擅自修改 CMOS 内容。设置密码的时候需要输入两次，第二次是确认两次输入的密码是否一致。其界面如图 5-31 所示。

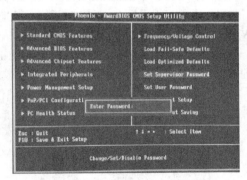

图 5-31　Set Supervisor Password 界面

2. Set User Password

此功能用来设定普通用户密码。设定了 User Password 以后，开机按 Delete 键进入 BIOS 的时候需要输入密码。如果设置了超级用户密码，则进入普通用户界面时很多的 CMOS 设置不能改动。如图 5-32 所示，不能修改磁盘的启动顺序、CPU 的缓存等设置。

当要取消所设的密码时，只需进入 CMOS 中把光标移到相应的密码设置菜单上连续按两次 Enter 键，当出现"Password Disabled"提示就说明密码已经取消了。

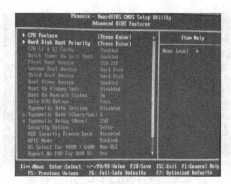

图 5-32　普通用户的权限限制

5.3.10　Load Optimized/Fail-safe Defaults

Load Optimized Defaults 是指恢复为出厂时的默认值，以使系统能够正常、稳定运行。用方向键将光标定位在 Load Optimized Defaults 项，按 Enter 键，弹出一个信息提示框，如图 5-33 所示，此时按下 Y 键，并按 Enter 键，将会加载 BIOS 的默认值。

Load Fail-safe Defaults 是指恢复为系统正常时的 BIOS 默认值，可使系统最稳定，但性能较低。

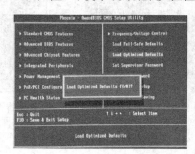

图 5-33　Load Optimized Defaults 界面

5.3.11　其他相关设置

本小节继续讲解其他相关的设置。

1. Save &Exit Setup

Save & Exit Setup 是指保存并退出 CMOS。用方向键将光标定位在 Save &Exit Setup 项，按 Enter 键，弹出一个信息提示框，如图 5-34 所示。此时，按下 Y 键，并按 Enter 键，计算机将会保存设置的 CMOS 数据并重新启动。

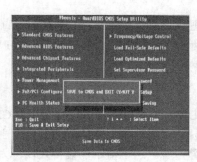

图 5-34　Save & Exit Setup 界面

2. Exit Without Saving

Exit Without Saving 是指退出但不保存事先设置的 CMOS 数据。用方向键将光标定位在 Exit Without Saving 选项，按 Enter 键，弹出一个信息提示框，如图 5-35 所示。此时，按下 Y 键，并按 Enter 键，计算机将不保存设置的 CMOS 数据并重新启动。

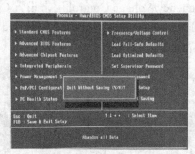

图 5-35　Exit Without Saving 界面

5.4　上机与练习

1. 单项选择题

（1）开机后 BIOS 最先被启动，然后它会对计算机的硬件设备进行完全彻底地检验和测试。如果发现问题，分两种情况处理：严重故障和非严重故障。假如是严重故障则（　　）。

A. 停机不给出任何提示或信号

B. 给出屏幕警告提示

C. 启动操作系统，把对计算机的控制权交给用户

D. 声音报警信号

（2）AWAED BIOS 的自检铃声 1 长 1 短代表（　　）。

    A．主板或者内存错误

    B．显示器或者显卡错误

    C．键盘控制器错误，需要检查主板

    D．常规错误

（3）AWAED BIOS 的自检铃声为主机不断地响，说明（　　）。

    A．主板或者内存错误

    B．显示器或者显卡错误

    C．键盘控制器错误，需要检查主板

    D．内存条未插紧或损坏

（4）CMOS 是指互补金属氧化物半导体，是计算机主板上的一块（　　），用来保存当前系统的硬件配置和用户对某些参数的设定。

    A．可读写的 RAM 芯片

    B．只读的 RAM 芯片

    C．可读写的 ROM 芯片

    D．只读的 ROM 芯片

（5）如果 BIOS 中某个菜单的左边有个向右的三角符号（■），则表明此菜单下面还有附加的子菜单。要进入子菜单，用键盘上的方向键（↑↓）选择此菜单，然后按（　　）进入子菜单。

    A．Enter 键　　　　B．F10 键

    C．Esc 键　　　　　D．Home 键

（6）在 BIOS 的（　　）菜单设置中，用户可以修改系统时间、系统日期、硬盘类型、软盘驱动器类型和显示器类型等。

    A．Standard CMOS Features

    B．Advanced BIOS Features

    C．Integrated Peripherals

    D．PC Health Status

（7）BIOS 的（　　）指的是高级 BIOS 设置，主要用来对主板上的芯片进行设定，包括缓存、启动顺序等。

    A．Standard CMOS Features

    B．Advanced BIOS Features

    C．Integrated Peripherals

    D．PC Health Status

（8）BIOS 的（　　）用来对计算机的外围设备进行设置，包括串行口、并行口和 USB 接口等。

    A．Standard CMOS Features

    B．Advanced BIOS Features

    C．Integrated Peripherals

    D．Integrated Peripherals

2．多项选择题

（1）从功能上看，BIOS 有 3 种功能，分别为（　　）。

    A．自检以及初始化　B．程序服务

    C．设定中断　　　　D．保存数据

（2）BIOS 根据制造主板厂商的不同可以分为（　　）。

    A．AWARD BIOS　B．AMI BIOS

    C．PHOENIX BIOS D．免跳线 BIOS

（3）进入 BIOS 设置界面最常用的方法是：开机启动后按（　　）。

    A．Delete 键

    B．Ctrl+Alt+Esc 组合键

    C．Esc 键

    D．Page Up 键

（4）Halt On 是针对 BIOS 的自检而设的，当自检的过程中发现错误时，会根据此项的设置值决定下一步如何执行。可以设置的值有（　　）。

    A．All Errors　　　B．All But Keyboard

    C．No Errors　　　D．All But Diskette

（5）Delay Prior to Thermal（超温优先延迟）是指当 CPU 的温度达到了计算机出厂时候设置的温度后，计算机的时钟将被适当延迟。温度监控装置开启后，由处理器内置传感器控制的时钟模组也被激活以保持处理器的温度限制。这里常用的设定值有（　　）。

    A．4 Min　　　　　B．16 Min

    C．8 Min　　　　　D．32 Min

（6）打开 First Boot Device 菜单可以看见有很多开机设备选项。比较常用的开机设备有（　　）。

    A．Hard Disk　　　B．Floppy

    C．USB-FDD　　　D．USB-CDROM

第6章

硬盘的分区与格式化

📖 **学习目标**

本章学习计算机硬盘的结构、分区和格式化的相关知识，理解硬盘分区和格式化的原理，并掌握硬盘的分区和格式化的方法。通过本章的学习，学会对硬盘进行格式化和分区，为后面安装系统打下基础。

📖 **学习重点**

理解硬盘的物理结构和数据信息结构；掌握硬盘分区的常见格式；掌握主分区、扩展分区和逻辑分区之间的关系；掌握使用 PQ 对硬盘进行分区的方法；掌握使用 DM 对硬盘进行低级格式化的方法；

📖 **主要内容**

◆ 硬盘的结构
◆ 硬盘的分区
◆ 硬盘的格式化

6.1 硬盘的结构

在进行硬盘分区以及格式化之前，有必要首先了解硬盘的结构。

6.1.1　硬盘的基本结构

本小节首先了解硬盘的基本结构。

1. 磁道、扇区、柱面和磁头数

硬盘最基本的组成部分是由坚硬金属材料制成的涂以磁性介质的盘片，不同容量硬盘的盘片数不等。每个盘片有两面，都可记录信息。盘片表面上以盘片中心为圆心，不同半径的同心圆称为磁道，不同盘片相同半径的磁道所组成的圆柱称为柱面。磁道与柱面都是不同半径的圆，它们的区别如图 6-1 所示。

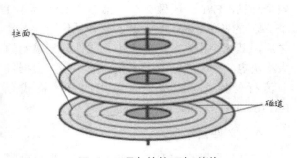

图 6-1　硬盘的柱面与磁道

磁盘上的每个磁道或柱面被等分为若干个弧段，这些弧段便是磁盘的扇区，扇区一般由 512 个字节构成。前面讲过，每个磁盘有两个面，每个面都有一个磁头，习惯用磁头号来区分。图 6-1 中一共有 3 个盘片，就有 6 个面、6 个磁头。

扇区、磁道（或柱面）和磁头构成了硬盘结构的基本参数。硬盘容量计算公式为：存储容量 = 磁头数 × 磁道（柱面）数 × 每道扇区数 × 每扇区字节数。

在一些硬盘的参数列表上用户可以看到描述每个磁道的扇区数的参数，它通常用一个范围标识，例如 373～746，这表示外圈的磁道有 746 个

扇区，最里面的磁道有 373 个扇区，因此可以算出来，从外道到最里面的磁道的容量是 373KB 到 186.5KB。磁盘读取和写入数据时，要以扇区为单位。

2. 分配单元

分配单元也称簇，是操作系统为每一个单元地址划分的空间大小，它是空间分配的最小单位。例如一栋楼，将它划分为若干个房间，每个房间的大小一样，同时给每个房间一个房间号，每个房间的大小就是分配单元。在建立分区时，会出现分配单元大小的选项。

每个分配单元只能存放一个文件。文件就是按照分配单元的大小被分成若干块存储在磁盘上的。例如一个大小为 1024 字节的文件，当分配单元为 1024 字节时，它占用一个分配单元的存储空间；一个大小为 1 字节的文件，当分配单元为 1024 字节时，它也会占用一个分配单元的存储空间；一个大小为 1025 字节的文件，当分配单元为 1024 字节时，它占用 2 个分配单元的存储空间。

一般来说，分配单元越小越节约空间，分配单元越大越节约读取时间，但浪费空间。

NTFS 分区常用的分配单元大小有 512 字节、1024 字节、2048 字节、4096 字节等，如图 6-2 所示。

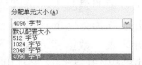

图 6-2　NTFS 分区的分配单元大小

6.1.2　硬盘的数据信息结构

一个完整的硬盘数据应包括主引导记录和分区信息结构两大部分。主引导记录与操作系统无关，所有硬盘的主引导记录结构都是相同的；分区信息结构则与分区类型有关，分区信息随着分区数的增加而增加，分区信息结构包括操作系统引导记录、文件分配表、根目录和数据存储区 4 个部分。下面来一一讲解。

1. 主引导扇区

主引导扇区位于整个硬盘的 0 磁道 0 柱面 1 扇区，由硬盘主引导记录 MBR（Main Boot Record）、分区表 DPT（Disk Partition Table）和结束标志 3 部分构成。

主引导扇区总共有 512 个字节，主引导记录占 446 个字节；分区表由 4 个 16 字节的分区信息记录组成，共有 64 个字节；最后 2 个字节是分区的结束标志。

表 6-1 是主引导扇区的组成结构。

表 6-1　主引导扇区组成

主引导扇区	字节数	有效地址
主引导记录	446 字节	0000H～01BDH
第一分区表	16 字节	01BEH～01CDH
第二分区表	16 字节	01CEH～01DDH
第三分区表	16 字节	01DEH～01EDH
第四分区表	16 字节	01EEH～01FDH
主引导区结束标志	2 字节	01FEH、01FFH

主引导记录是主引导扇区里面最重要的部分，它的作用是检查分区表是否正确，同时确定哪个分区为引导区，并在程序结束时把该分区的启动程序（也就是操作系统引导扇区）调入内存加以执行，计算机就正常启动了。

分区表负责说明磁盘上的分区情况，用于将大量的数据分成称为分区的许多小的子集。倘若硬盘丢失了分区表，数据就无法按顺序读取和写入，导致无法操作。因为分区表是由 4 个 16 字节的分区信息记录组成，因此主引导扇区的分区表最多只能包含 4 个分区记录，为了有效地解决这个问题，允许用户创建一个扩展分区，并且在扩展分区内在建立最多 23 个逻辑分区，其中的每个分区都单独分配一个盘符，可以被计算机作为独立的物理设备使用。

2. 操作系统引导扇区

操作系统引导扇区也称 OBR（OS Boot Record），通常位于硬盘的 0 磁道 1 柱面 1 扇区，是操作系统可直接访问的第一个扇区，它包括一个本分区的引导记录和 BPB（BIOS Parameter Block）参数记录表，其中 BPB 表用来描述逻辑盘结构组成。每个逻辑分区都有一个 OBR，其参数根据分区的大小、操作系统的类型而有所不同。引导程序的主要任务是判断本分区根目录前 2 个文件是否为操作系统的引导文件。如果是，就把第 1 个文件读入内存，并把控制权交予该文件。BPB 参数块记录着本分区的起始扇区、结束扇区、文件存储格式、硬盘介质描述符、根目录大小、文件分配表个数、分配单元（簇）的大小等重要参数。

3. 文件分配表

文件分配表也称 FAT（File Allocation Table），用来记录文件所在的位置。它对于硬盘的使用是非常重要的，假若丢失文件分配表，那么硬盘上的数据就会因无法定位而不能使用了。为了数据安全起见，FAT 一般做 2 个，第 2 个 FAT 为第 1 个 FAT 的备份。FAT 区紧接在操作系统引导扇区之后，其大小由本分区的大小及文件分配单元的大小决定。关于 FAT 的格式历来有很多，根据目前流行的操作系统来看，常用的分区格式有 FAT16、FAT32、NTFS 和 Linux 等。

4. 文件目录区

文件目录区也称 DIR（Directory）。根目录区紧接在第 2 个文件分配表之后，只有文件分配表还不能定位文件在磁盘中的位置，还必须和根目录区配合才能准确定位。文件目录是文件组织结构的又一个重要组成部分。

文件目录分为 2 类：根目录和子目录。根目录有 1 个，子目录可以有多个。子目录下还可以有子目录，从而形成"树状"的文件目录结构。子目录其实是一种特殊的文件，文件系统为目录项分配 32 个字节。目录项分为 3 类：文件、子目录和卷标。目录项中有文件（子目录或卷标）的名字、扩展名、属性、生成或最后修改日期、开始簇号、文件大小等具体信息。定位文件位置时，操作系统根据文件目录区中的起始单元，结合文件分配表就可以知道文件在磁盘的具体位置及大小了。在文件目录区之后，才是真正意义上的数据存储区，即 DATA 区。

5. 数据区（DATA 区）

DATA 区占据了硬盘的绝大部分空间，用来存放数据的二进制代码。通常所说的格式化程序（指高级格式化），并没有把 DATA 区的数据清除，只是重写了文件分配表而已。而至于硬盘分区，也只是修改了主引导扇区和操作系统引导扇区，绝大部分的 DATA 区的数据并没有被改变，这也是许多硬盘数据能够得以修复的原因。这需要一个前提，这些数据没有被覆盖。

6.2 硬盘的分区

安装操作系统和软件之前，首先需要对硬盘进行分区和格式化，然后才能使用硬盘保存各种信息。许多人都会认为既然是分区就一定要把硬盘划分成好几个部分，其实完全可以创建一个分区使用全部或部分的硬盘空间。不过，不论划分了多少个分区，也不论使用的是 SCSI 硬盘还是 IDE 硬盘，都必须把硬盘的主分区设定为活动分区，这样才能够通过硬盘启动系统。

6.2.1　常见硬盘分区格式

根据目前流行的操作系统来看，常见的分区格式有 4 种，分别是 FAT16、FAT32、NTFS 和 Linux，下面来一一讲解。

1. FAT16

采用 16 位的文件分配表，能支持的最大分区为 2GB，是计算机应用初期最为广泛和支持操作系统支持最多的一种磁盘分区格式，几乎所有的操作系统都支持这种格式，从 DOS、Windows 95、Windows 97 到 Windows 98、Windows 2000/XP，甚至 Linux 都支持这种分区格式。但是 FAT16 分区格式有一个致命的缺点，那就是硬盘的实际利

用效率非常低。因为在 DOS 和 Windows 系统中，磁盘文件的分配是以簇为单位的，一个簇只分配给一个文件使用，不管这个文件占用整个簇容量的多少。而且每簇的大小由硬盘分区的大小来决定，分区越大，簇就越大。例如 1GB 的硬盘若只分一个区，那么簇的大小是 32KB，也就是说，即使一个文件只有 1 字节长，存储时也要占 32KB 的硬盘空间，剩余的空间便全部闲置在那里，这样就导致了磁盘空间的极大浪费。FAT16 支持的分区越大，磁盘上每个簇的容量也越大，造成的浪费也越大。所以随着当前主流硬盘的容量越来越大，这种缺点变得越来越突出。为了克服 FAT16 的这个弱点，微软公司在 Windows 97 操作系统中推出了一种全新的磁盘分区格式 FAT32。

2. FAT32

这种格式采用 32 位的文件分配表，使其对磁盘的管理能力大大增强，突破了 FAT16 对每一个分区的容量只有 2GB 的限制。运用 FAT32 的分区格式后，用户可以将一个大硬盘定义成一个分区，而不必分为几个分区使用，大大方便了对硬盘的管理工作。而且，FAT32 还具有一个最大的优点是：在一个不超过 8GB 的分区中，FAT32 分区格式的每个簇容量都固定为 4KB，与 FAT16 相比，可以大大地减少硬盘空间的浪费，提高了硬盘利用效率。

目前，支持这一磁盘分区格式的操作系统有 Windows 97、Windows 98 和 Windows 2000/XP。但是，这种分区格式也有它的缺点：采用 FAT32 格式分区的磁盘，由于文件分配表的扩大，运行速度比采用 FAT16 格式分区的硬盘要慢。

3. NTFS

NTFS 分区格式是时下最流行的分区格式，它是网络操作系统 Windows NT 的硬盘分区格式。其显著的优点是安全性和稳定性极其出色，在使用中不易产生文件碎片，对硬盘的空间利用及软件的运行速度都有好处。它能对用户的操作进行记录，通过对用户权限进行非常严格的限制，使

每个用户只能按照系统赋予的权限进行操作，充分保护了网络系统与数据的安全。目前越来越多的系统支持这种分区格式。

NTFS 格式有以下几个优点。

◆ 更高的安全性。NTFS 文件系统能够轻松指定用户访问某一文件或目录。NTFS 能用一个随机产生的密钥把一个文件加密，只有文件的所有者和管理员掌握解密的密钥，其他人即使能够登录到系统中，也没有办法读取它。NTFS 采用用户授权来操作文件，事实上这是网络操作系统的基本要求，即有给定权限的用户才能访问指定的文件。NTFS 还支持加密文件系统以阻止未授权的用户访问文件。

◆ 文件访问速度更快。NTFS 采用增强的二进制数来定位文件在扇区上的位置，所以对二进制数的查找速度非常快。现在的硬盘的容量多为 160GB 以上，因此使用 NTFS 的分区格式更加适合在大量文件中查找。

◆ 支持更大分区。NTFS 的分区格式可以支持容量为 2TB 的分区。比 FAT32 分区支持的 32GB 大了很多。

◆ 可靠性更高。NTFS 分区中写文件时，会在内存中保留文件的一份拷贝，然后检查向磁盘中所写的文件是否与内存中的一致。如果两者不一致，操作系统就把相应的扇区标为坏扇区而不再使用它，然后用内存中保留的文件拷贝重新向磁盘上写文件。如果在读文件时出现错误，NTFS 则返回一个读错误信息，并告知相应的应用程序数据已经丢失。

◆ NTFS 是一个可恢复的文件系统。在 NTFS 分区上用户很少需要运行磁盘修复程序。NTFS 通过使用标准的事务处理日志和恢复技术来保证分区的一致性。发生系统失败事件时，NTFS 使用日志文件和检查点信息自动恢复文件系统。

◆ NTFS 支持对分区、文件夹和文件的压缩。任何基于 Windows 的应用程序对 NTFS 分区上的压缩文件进行读写时不需要事先由其他程序进行解压缩，当对文件进行读取时，文件将自动进行解压缩；文件关闭或保存时会自动对文件进行压缩。

◆ NTFS 采用了更小的簇。在 Windows 2000 的 FAT32 文件系统中，分区大小在 2~8GB 时簇的大小为 4KB；分区大小在 8~16GB 时簇的大小为 8KB；分区大小在 16~32GB 时，簇的大小则达到了 16KB。而在 Windows 2000 的 NTFS 文件系统中，当分区的大小在 2GB 以下时，簇的大小比相应的 FAT32 簇小；当分区的大小在 2GB 以上时（2GB~2TB），簇的大小都为 4KB。相比之下，NTFS 可以比 FAT32 更有效地管理磁盘空间，最大限度地避免了磁盘空间的浪费。

4. Linux

这是 Linux 操作系统中使用最多的一种文件系统，它是专门为 Linux 设计的，拥有最快的速度和最小的 CPU 占用率。Linux 的磁盘分区格式与其他操作系统完全不同，其 C、D、E、F 等分区的意义也和 Windows 操作系统下不一样。使用 Linux 操作系统后，死机的机会大大减少。但是，目前支持这一分区格式的操作系统只有 Linux，在日常应用中不是很常见，在此不做介绍。

6.2.2　分区格式之间的转换

本小节来了解分区格式之间的转换的相关知识。

1. 查看分区格式

前面已经介绍了常见的分区格式有 FAT16、FAT32、NTFS 和 Linux，下面介绍如何查看计算机的分区格式，具体步骤如下。

Step 1　打开"我的电脑"，可以看到很多分区，如图 6-3 所示。

图 6-3 打开"我的电脑"

Step 2 选择分区。这里选择 C 盘，并在 C 盘上右击，然后选择【属性】选项，如图 6-4 所示。

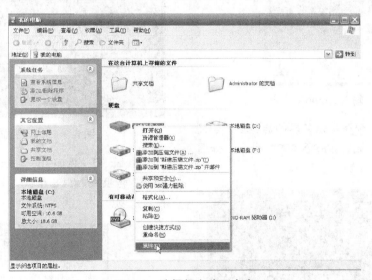

图 6-4 选择相应分区右击

Step 3 查看分区的属性，如图 6-5 所示，可知本盘分区为 NTFS。

2. 分区格式之间的转换

由上节得知，NTFS 分区格式与 FAT32 分区格式相比有很多的优越性，很多情况下需要把 FAT32 分区转换成 NTFS 格式。

Windows 提供了分区格式转换工具 Convert.exe。Convert.exe 是 Windows 附带的一个 DOS 命令行程序，通过这个工具可以直接在不破坏 FAT 文件系统的前提下，将 FAT 转换为 NTFS。具体步骤如下。

Step 1 依照前面的操作打开 E 盘，查看 E 盘的分区格式为 FAT32，如图 6-6 所示。

图 6-5 查看分区的属性

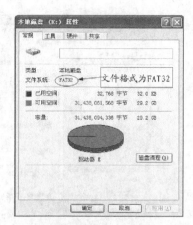

图 6-6 查看转换格式之前的分区格式

Step 2 打开 Windows 的【运行中】对话框，并输入 "cmd" 命令，然后单击【确定】按钮，如图 6-7 所示。

图 6-7 输入 "cmd" 命令

Step 3 进入命令提示符界面后，在命令提示符界面输入 "convert E:/FS:NTFS" 命令，如图 6-8 所示。

图 6-8 输入 "convert E:/FS:NTFS" 命令

Step 4 输入完后，按 Enter 键会出现如图 6-9 所示的界面。

图 6-9 分区格式转换界面

Step 5 返回 E 盘查看分区格式是否已由 FAT32 转换成 NTFS 格式，如图 6-10 所示，转换格式成功。

图 6-10 重新查看分区格式

运用 Windows 自带分区格式转换工具进行文件格式转换时，原来分区中的数据不会随着分区格式的变化而丢失。此外还有其他的软件可以进行分区格式的转化，在此不再一一讲解。

6.2.3　主分区、扩展分区和逻辑分区

主引导扇区里面的分区表共有 64 字节，由 4 个 16 字节的分区信息记录组成，因此分区表最多只能表示 4 个分区，硬盘最多有 4 个主分区。

随着硬盘容量的越来越大，要求硬盘分的区越来越多，4 个分区明显满足不了需求，于是产生了扩展分区。假设分区中有一个扩展分区的话，对应的主分区需要减少一个，这里需要说明的是分区当中最多有一个扩展分区，因此扩展分区也可以看成一种比较特别的主分区。

主分区和扩展分区的关系必须同时满足以下 2 个条件。

◆　主分区+扩展分区≤4。

◆　扩展分区≤1。

但扩展分区并不可以直接使用，必须以逻辑分区的形式出现，可以这样认为：扩展分区包含着若干逻辑分区，而且至少包含 1 个逻辑分区，最多可以建立 23 个逻辑分区。其中的每个逻辑分区都单独分配一个盘符，从 D 到 Z 盘（共 23 个盘符），逻辑分区也可以被作为独立的分区使用。一般情况下 C 盘符分配给主分区。

扩展分区中的逻辑分区是以链式存在的，并且关于逻辑分区的分区信息都被保存在扩展分区内，而主分区和扩展分区的分区信息被保存在硬盘的主引导扇区。也就是说无论硬盘有多少个分区，其主引导扇区的分区表里面只包含主分区（也就是启动分区）和扩展分区的信息。

每一个逻辑分区都记录着下一个逻辑分区的位置信息，依次串联。事实上每一个逻辑分区都有一个和主引导扇区类似的引导扇区，引导扇区里有分区表。分区表记录了该分区的信息和一个指针，指向下一个逻辑分区的引导扇区。因此，逻辑分区借鉴了主分区的方法，相当于在一个主

分区下面建立了若干级"主分区"。另一个可以预测的现象是：一旦某一个逻辑分区损坏，跟在它后面的所有逻辑分区都将丢失，而前面的逻辑分区可以保留。这也是链式结果的特点。

在给计算机硬盘进行分区的时候，只设立一个主分区和一个扩展分区即可，主分区也即是平常所说的系统盘，一些软件基本都安装在系统盘里面。扩展分区下面再划分几个逻辑分区。默认情况下主分区一般为 C 盘，逻辑分区从 D 到 Z 以此后推。

6.2.4　硬盘分区的方法

这一节主要介绍 2 种分区方法，一种是操作系统自带的分区方法，另外一种是应用软件进行分区。

Step 1　首先右击"我的电脑"，选择【管理】选项，如图 6-11 所示。

图 6-11　右击"我的电脑"

Step 2　打开【计算机管理】对话框，选择【磁盘管理】选项，会显示计算机的分区情况，如图 6-12 所示。

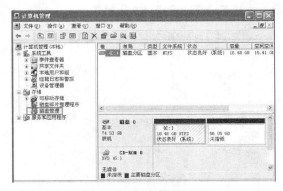

图 6-12　磁盘管理界面

Step 3 从图中可知该硬盘只有一个 C 盘，有 56.05GB 的空间未分区。右击未指派的分区，选择【新建磁盘分区】选项，如图 6-13 所示。

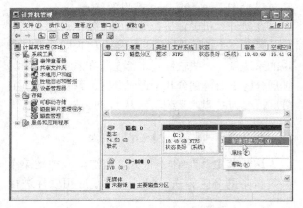

图 6-13 新建磁盘分区

Step 4 此时出现【新建磁盘分区向导】对话框，如图 6-14 所示。

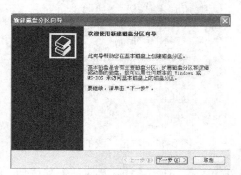

图 6-14 新建磁盘分区向导

Step 5 单击【下一步】按钮，在打开的界面中选择【扩展磁盘分区】选项，如图 6-15 所示。

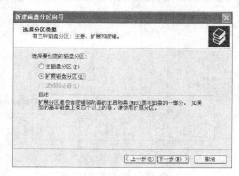

图 6-15 选择分区类型

Step 6 再次单击【下一步】按钮，在打开的界面中设定分区的大小，这里把扩展磁盘分区的大小设为 "57396MB"，如图 6-16 所示。

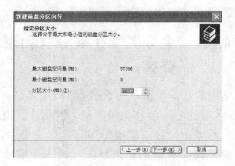

图 6-16 设置分区大小

Step 7 然后单击【下一步】按钮，新建磁盘分区基本完成，结果如图 6-17 所示。

图 6-17 新建磁盘分区完成界面

Step 8 单击【完成】按钮完成磁盘分区。回到【计算机管理】对话框，右击扩展分区，选择【新建逻辑驱动器】选项，如图 6-18 所示。

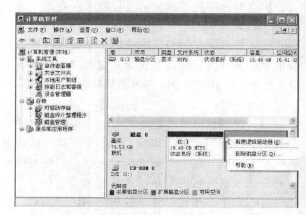

图 6-18 新建逻辑分区

Step 9 在打开的【新建磁盘分区向导】对话框中选择【逻辑驱动器】选项，如图 6-19 所示。

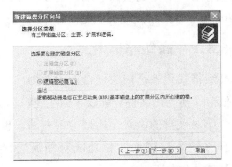

图 6-19 创建的分区类型为逻辑驱动器

Step 10 单击【下一步】按钮，在打开的对话框中设定分区大小为 "20000MB"，如图 6-20 所示。

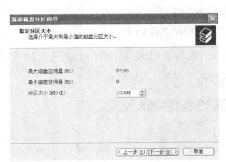

图 6-20 设置逻辑分区的大小

Step 11 然后单击【下一步】按钮，在打开的对话框中的【指派以下驱动器号】列表中为新建的驱动器分配驱动器号为 D，如图 6-21 所示。

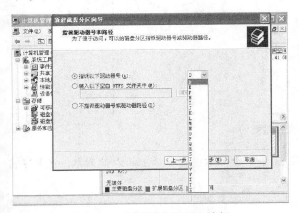

图 6-21 指派驱动器号和路径

Step 12 再次单击【下一步】按钮，在打开的对话框中设置文件系统的类型为 "NTFS"，同时选择【执行快速格式化】选项，如图 6-22 所示。

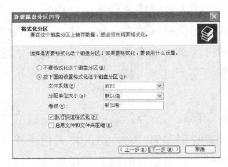

图 6-22 格式化新建分区

Step 13 再次单击【下一步】按钮，新建逻辑分区完成，如图 6-23 所示。

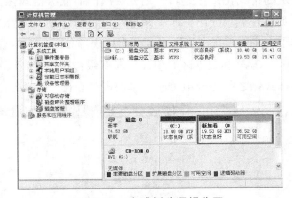

图 6-23 完成新建逻辑分区

Step 14 按照以上步骤在未分区的扩展分区中继续创建逻辑分区，分好区的硬盘结构如图 6-24 所示。

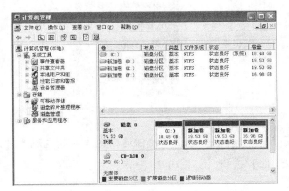

图 6-24 分好区的硬盘

6.3 磁盘格式化

通过 PQ 对硬盘分好区后，还需要对分区进行格式化才能存取数据。格式化是指对磁盘或磁盘中的分区进行归零初始化的一种操作，这种操作通常会导致现有的磁盘或分区中所有的文件被清除。

格式化通常分为低级格式化和高级格式化。如果没有特别指明，对硬盘的格式化通常是指高级格式化，而对软盘的格式化则通常同时包括这两者。

高级格式化主要是对硬盘的各个分区进行磁道的格式化，在逻辑上划分磁道；而低级格式化是将硬盘划分出柱面和磁道，再将磁道划分为若干个扇区，每个扇区又划分出标识部分 ID、间隔区、GAP 和数据区 DATA 等。低级格式化是高级格式化之前的一项工作，每块硬盘在出厂前都进行了低级格式化。低级格式化是一种损耗性操作，对硬盘寿命有一定的负面影响。而我们平时所用的 Windows 下的格式化其实是高级格式化。

6.3.1 高级格式化

高级格式化就是清除硬盘上的数据、生成引导区信息、初始化文件分配表、标注逻辑坏道等。下面介绍对硬盘的格式化的最常用方法，也即是用操作系统本身的格式化功能对硬盘进行格式化，具体操作如下。

Step 1 在格式化之前，首先需要查看分区里面是否有文件，把有用的文件都做好备份，可以留少数无用的文件，以检验格式化是否成功。

Step 2 下面以 E 盘格式化为例进行讲解。双击桌面上的【我的电脑】图标打开【我的电脑】对话框，再双击打开 E 盘，对该盘中的重要文件进行备份，如图 6-25 所示。

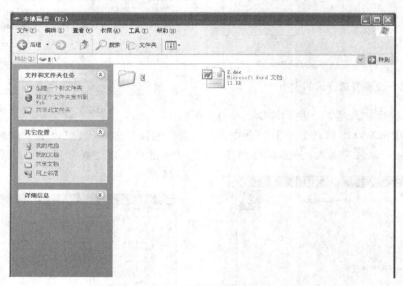

图 6-25　重要文件做备份

Step 3 单击 按钮返回到【我的电脑】对话框，选择 E 盘并右击，在弹出的右键菜单中选择【格式化】选项，如图 6-26 所示。

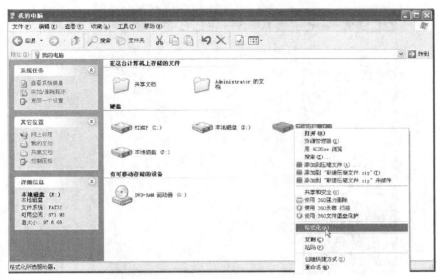

图 6-26 选择 E 盘并右击

Step 4 此时会打开【格式化 本地磁盘（E:）对话框，在该对话框中可以设置格式化后的分区类型、分配单元的大小等，如图 6-27 所示。

图 6-27 格式化属性面板

Step 5 设置分配单元的大小。【分配单元大小】选项中有默认配置大小、512 字节、1024 字节、2048 字节、4096 字节等，如图 6-28 所示，在此选择【默认配置大小】，然后勾选【快速格式化】选项，这样格式化的速度会大大加快。

图 6-28 设置分配单元大小

Step 6 单击【开始】按钮，会出现如图 6-29 所示的对话框，确认有用的数据已经做好备份后，单击【确定】按钮，开始格式化。

图 6-29 确定格式化界面

Step 7 格式化完成后，会出现如图 6-30 所示的对话框，提示格式化完毕。单击【确定】按钮即可。

图 6-30 格式化完毕

Step 8 格式化完成后，检查一下格式化的效果。进入 E 盘，会看到 E 盘里面的内容全没有了，如图 6-31 所示，这证明格式化成功了。

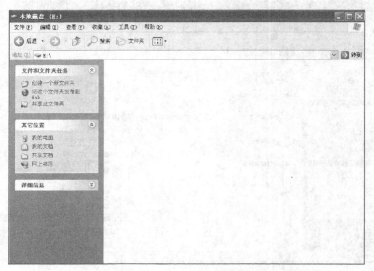

图 6-31　查看分区内容

6.3.2　低级格式化

低级格式化就是将空白的磁盘划分出柱面和磁道，再将磁道划分为若干个扇区，每个扇区又划分出标识部分、间隔区和数据区等。可见，低级格式化是高级格式化之前的一件工作，它只能够在 DOS 环境来完成。而且低级格式化只能针对一块硬盘而不能针对单独的某一个分区。每块硬盘在出厂时已由硬盘生产商进行低级格式化，因此通常使用者无需再进行低级格式化操作。

低级格式化是一种损耗性操作，其对硬盘寿命有一定的负面影响。因此，许多硬盘厂商均建议用户不到万不得已，不要去进行低级格式化。当硬盘受到外部强磁体、强磁场的影响，或因长期使用，硬盘盘片上由低级格式化划分出来的扇区格式磁性记录部分丢失，从而出现大量坏扇区时，可以通过低级格式化来重新划分扇区。但前提是硬盘的盘片没有受到物理性划伤。硬盘出现物理坏道时，则无法通过低级格式化来修复。

低级格式化的主要作用有以下几种。

◆ 测试硬盘介质，对已损坏的磁道和扇区做"坏"标记。

◆ 写入扇区 ID，清空扇区内容。如果形象地看硬盘盘片，它是一道一道的，而每一道

又分为若干块，每块包括了扇区 ID 和扇区数据区。在低级格式化的时候，软件会在每一块的开头部分写入一个扇区 ID 并且清空数据区。

◆ 设置交错因子。硬盘的扇区 ID 不是一个挨一个顺序排列的，而是会隔着几个排列下去。硬盘在读完一个扇区的内容后，在磁头移动到下一个扇区位置时来不及读其中的内容，需要一定时间的滞留。显然，如果顺序安排扇区 ID，跟实际情况不相符，这样的话，只有相隔几个位置再安排下一个扇区 ID，会更符合硬盘的工作规律。

现在最常用的低格方法是应用 DM 软件进行格式化，DM 的版本很多，这里使用 DM9.57 版本对硬盘进行低级格式化。事先准备好一张含有 DM9.57 的系统盘。下面详细介绍使用 DM 对硬盘进行低级格式化的方法，具体操作如下。

Step 1　首先将系统盘插入到光驱，在 CMOS 里面设置第一启动设备为光驱，计算机启动后进入如图 6-32 所示的界面，选择 DM 分区工具选项。

Step 2　此时出现了两个版本的 PM，如图 6-33 所示，这里选择 PM9.57 版本。

图 6-32　进入主界面

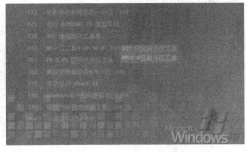

图 6-33　选择 DM9.57

Step 3　进入 PM 软件的主界面，如图 6-34 所示。这时候要注意了，如果继续低级格式化的话按 Enter 键，否则按任意键退出界面。这里按 Enter 键继续格式化。

图 6-34　DM 的欢迎界面

Step 4　选择【Advanced Options】，即高级选项，然后按 Enter 键，如图 6-35 所示，进入下级菜单。

Step 5　选择【Maintenance Options】子选项，然后按 Enter 键，进入下级菜单，如图 6-36

所示。

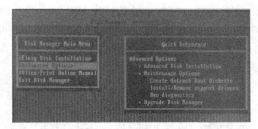

图 6-35　DM 的主要菜单栏

图 6-36　DM 的 Advanced Options 菜单

Step 6　继续选择【Utilities】子选项，进入下级菜单，如图 6-37 所示。

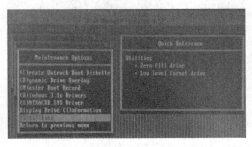

图 6-37　DM 的 Maintenance Options 选项

Step 7　在出现的【Select a Disk】界面中选择要进行低级格式化的硬盘。由于计算机中只有一块硬盘，因此直接选择这块硬盘即可，如图 6-38 所示。

图 6-38　选择硬盘

Step 8 出现的【Select Utility Option】界面中有 4 个选项，分别是 Zero Fill Drive、Low Level Format、Set Drive Size、Return to previous menu，选择【Low Level Format】也即低级格式化选项，如图 6-39 所示。

图 6-39 选择低级格式化

Step 9 进入【Low Level Format】界面时，系统会弹出警告窗口，按 Alt + C 组合键进行确认，如图 6-40 所示。如果想取消低级格式化，则按任意键即可退出。

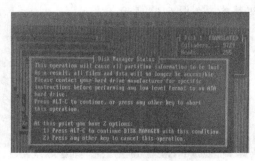

图 6-40 警告确认

Step 10 接下来系统会弹出再次确认的提示，要求用户再次进行确认，这里选择【YES】选项。如果此时要终止操作，还来得及，只需要选择【NO】即可，如图 6-41 所示。

图 6-41 警告硬盘上所有数据将会丢失

选择完毕，DM 开始对硬盘进行低级格式化。低级格式化很耗时间，具体时间要依据用户硬盘的大小以及硬盘的损坏情况来定。另外再次提醒大家，低级格式化是对硬盘有损坏的操作，不到万不得已最好不要进行。

6.4 上机与练习

1．单项选择题

（1）（   ）也称簇，是操作系统为每一个单元地址划分的空间大小，它是进行空间分配的最小单位。

    A．分配单元

    B．扇区

    C．磁道

    D．盘面

（2）一个完整的硬盘数据应包括：（   ）和分区信息结构两大部分。

    A．主引导记录

    B．操作系统引导记录

    C．文件分配表

    D．数据存储区

（3）（   ）也称 OBR（OS Boot Record），通常位于硬盘的 0 磁道 1 柱面 1 扇区，是操作系统可直接访问的第一个扇区，它也包括一个本分区的引导记录和 BPB（BIOS Parameter Block）参数记录表，其中 BPB 表用来描述逻辑盘结构组成。

    A．主引导记录

    B．操作系统引导记录

    C．文件分配表

    D．数据存储区

（4）（   ）也称 FAT（File Allocation Table），用来记录文件所在的位置。它对于硬盘的使用是非常重要的，假若丢失文件分配表，那么硬盘上的数据就会因无法定位而不能使用了。

    A．主引导记录

    B．操作系统引导记录

C．文件分配表

D．数据存储区

（5）（　　）也称 DIR（Directory），根目录区紧接在第二文件分配表之后，只有文件分配表还不能定位文件在磁盘中的位置，还必须和根目录区配合才能准确定位文件的位置。

A．主引导记录

B．操作系统引导记录

C．文件分配表

D．文件目录区

（6）FAT32 这种分区格式采用（　　）位的文件分配表，使其对磁盘的管理能力大大增强，突破了 FAT16 对每一个分区的容量只有 2GB 的限制。

A．32　　　　　　B．16

C．256　　　　　D．64

（7）NTFS 的分区格式可以支持容量为（　　）的分区，比 FAT32 分区支持的 32GB 大了很多。

A．2TB　　　　　B．1TB

C．250GB　　　　D．160GB

（8）扩展分区包含着若干逻辑分区，而且至少包含一个逻辑分区，最多可以建立（　　）个逻辑分区。

A．4　　　　　　B．20

C．26　　　　　D．23

（9）（　　）是指对磁盘或磁盘中的分区进行归零初始化的一种操作，这种操作通常会导致现有的磁盘或分区中所有的文件被清除。

A．格式化　　　　B．分区

C．复位　　　　　D．清零

2．多项选择题

（1）下列选项中哪些部件构成了硬盘结构的基本参数（　　）。

A．扇区　　　　　B．柱面

C．磁道　　　　　D．磁头

（2）主引导扇区位于整个硬盘的 0 磁道 0 柱面 1 扇区，由（　　）、（　　）和（　　）3 部分构成。

A．主引导记录　　B．分区表

C．结束标志　　　D．文件分配表

（3）根据目前流行的操作系统来看，常用的分区格式有（　　）。

A．FAT16　　　　B．FAT32

C．NTFS　　　　　D．Linux

（4）下列选项中哪些属于 NTFS 分区格式的优点（　　）。

A．可恢复的文件系统分区

B．更高的安全性

C．支持对分区、文件夹和文件的压缩

D．文件访问速度更快

（5）下列选项中哪些属于高级格式化过程（　　）。

A．清除硬盘上的数据

B．生成引导区信息

C．初始化文件分配表

D．标注逻辑坏道

3．上机操作

（1）使用 PQ 软件对硬盘进行分区。

（2）使用 DM 软件对硬盘进行低级格式化。

第**7**章

安装操作系统与驱动程序

📖 **学习目标**

学习安装操作系统的相关知识，通过本章的学习能运用多种方法为计算机安装操作系统，并安装相关的驱动程序。本章的主要内容包括安装操作系统前的准备、安装操作系统的全过程以及安装计算机的驱动程序，其中安装操作系统中主要包括 Windows XP 和 Windows 7 的安装全过程。

📖 **学习重点**

掌握制作系统光盘的过程；掌握在 BIOS 里面设置光驱或者 U 盘为第一启动项的方法；掌握使用完全安装法、GHOST 安装法、PE 安装法、U 盘安装法安装操作系统；掌握计算机硬件驱动的安装。

📖 **主要内容**

◆ 安装操作系统前的准备
◆ Windows XP 操作系统的安装
◆ Windows 7 操作系统的安装
◆ 安装驱动程序

7.1 安装操作系统前的准备

在安装操作系统前，需要做一些准备工作，例如了解各操作系统、掌握操作系统的安装方法以及制作镜像光盘等，这些都是为了更顺利地安装操作系统。

7.1.1 操作系统简介

操作系统是管理计算机硬件资源，控制其他程序运行并为用户提供交互操作界面的系统软件的集合。操作系统是计算机系统的关键组成部分，负责管理与配置内存、决定系统资源供需的优先次序、控制输入与输出设备、操作网络与管理文件系统等基本任务。操作系统的种类繁多，本书主要讲解 Windows XP、Windows 7 的安装方法。

1. Windows XP

Windows XP 中文全称为视窗操作系统体验版，是微软公司发布的一款视窗操作系统。字母 XP 表示英文单词的"体验"（experience）。它发行于 2001 年 10 月 25 日，原来的名称是 Whistler。微软最初发行了 2 个版本，家庭版（Home）和专业版（Professional）。家庭版的消费对象是家庭用户，专业版则在家庭版的基础上添加了新的面向商业设计的网络认证、双处理器等特性。家庭版只支持 1 个处理器，专业版则支持 2 个。2011 年 7 月初，微软表示将于 2014 年春季彻底取消对 Windows XP 的技术支持。

2. Windows 7

Windows 7 也由微软公司开发，核心版本号为 Windows NT 6.1。Windows 7 可供家庭及商业工作环境、笔记本电脑、平板电脑、多媒体中心等使用。2009 年 10 月 22 日微软公司在美国正式发布了 Windows 7。

3. Windows 8

Windows 8 是由微软公司开发的一款具有革命性变化的操作系统。该系统旨在让人们的日常电脑操作更加简单和快捷，为人们提供高效易行的工作环境，支持来自 Intel、AMD 和 ARM 的芯片架构。微软公司于 2012 年 10 月 25 日正式推出 Windows 8，并自称触摸革命将开始。Windows 8 对计算机硬件要求是比较高的，主要要求如下。

- 处理器：1 GHz 或更快。
- 内存：1 GB RAM（32 位）或 2 GB RAM（64 位）。
- 硬盘空间：16 GB（32 位）或 20 GB（64 位）。
- 图形卡：支持 Microsoft DirectX 9 或更高版本的图形设备。

7.1.2 了解操作系统的安装方法

常见的操作系统安装方法有：光盘安装系统、U 盘安装系统、硬盘安装系统等。在这几种安装操作系统的方法中，都可以利用光盘镜像来安装。

用光盘安装系统的时候，有两种方法，分别是完全安装方法和 GHOST 安装方法。其中完全安装方法是一步步安装系统的方法，安装过程中需要设置各种各样的参数，因此安装过程可能时间长一点。而 GHOST 安装系统方法，耗费时间少，安装过程相对来说要比完全安装方法简单得多。

7.1.3 制作镜像光盘

在学习制作镜像光盘之前，首先了解一下 ISO 和 GHO 文件的区别。

- GHO 后缀的文件：是 GHOST 软件创建的备份文件镜像，可以是分区镜像，也可以是整个硬盘的镜像。可以用于操作系统的备份和还原。
- ISO 后缀的文件：是光盘镜像文件，将光盘打包压缩成一个 ISO 文件，方便用户备份、复制、使用，可以刻录成光盘。要阅读镜像文件里面的内容，只需要安装虚拟光驱软件,就能加载并使用 ISO 文件,也可以使用解压缩工具,直接解压提取里面的文件。ISO 镜像文件里面的内容可以是任何文件,也可能包括 GHO 文件。刻录系统盘的时候一般就是刻录系统的 ISO 镜像文件。

用光驱安装系统时候,需要一张系统光盘。系统光盘可以通过购买或刻录镜像的方式获得。这里以比较常见的刻录软件 NERO 为例,介绍制作系统光盘的过程,具体步骤如下。

Step 1 打开 NERO,主界面如图 7-1 所示。

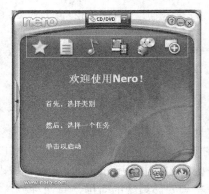

图 7-1 NERO 主界面

Step 2 单击选择备份菜单下面的【将映像刻录到光盘】选项,如图 7-2 所示。

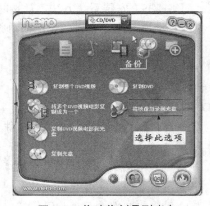

图 7-2 将映像刻录到光盘

Step 3 查找映像文件所在的位置,并将其打开,如图 7-3 所示,这里以刻录 Windows XP 的系统盘为例。

图 7-3 选择目标文件

Step 4 在【当前刻录机】选项里面选择刻录机,这里选择了 SONY 的刻录机,选择完毕后单击【刻录】按钮,如图 7-4 所示。

图 7-4 配置刻录机

待以上设置完毕后,刻录机开始刻录,如图 7-5 所示,等到进度条走到 100%时,表明刻录完毕。刻录完毕后刻录机会自动弹出来,这时候拿出光盘,等安装系统的时候用。

7.1.4 BIOS 设置

用光驱安装系统时,需要在 BIOS 里面设置第一启动设备为光驱;用 U 盘安装系统时需要设置 U 盘为第一启动设备。下面以 Phoenix-Award 型 BIOS 为例详细介绍 BIOS 的设置过程。

图 7-5　刻录机刻录界面

1. 设置光驱为第一启动设备

Step 1　开机按 Delete 键，进入 BIOS 主界面，如图 7-6 所示，然后选择【Advanced BIOS Features】选项。

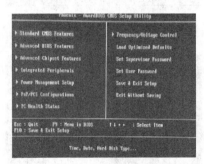

图 7-6　BIOS 主界面

Step 2　在【Advanced BIOS Features】选项界面，利用键盘上的方向键定位到【First Boot Device】选项，并按 Enter 键，如图 7-7 所示。

图 7-7　Advanced BIOS Features 选项

Step 3　在【First Boot Device】选项中选择

【CDROM】，如图 7-8 所示。

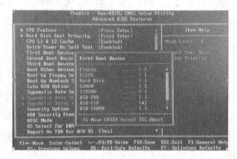

图 7-8　设置 First Boot Device 界面

Step 4　按键盘上的 F10 键，保存修改的设置并退出，如图 7-9 所示，这时候需要输入字母 Y，并按键盘上的 Enter 键，计算机会自动重启。

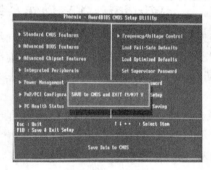

图 7-9　保存修改的设置并退出

2. 设置 U 盘为第一启动设备

有的时候需要使用 U 盘安装系统，这时候需要把 U 盘设为第一启动设备。过程基本上和设置光驱相似，差别就是在【First Boot Device】选项中选择【USB-FDD】，而不是选择【CDROM】，如图 7-10 所示。

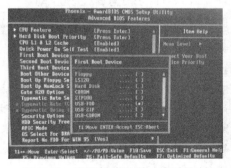

图 7-10　设置 U 盘为第一启动设备

7.2 安装 Windows XP 操作系统

本节介绍几种常用的安装 Windows XP 操作系统的方法，分别有完全安装法、GHOST 安装系统法。GHOST 安装方法又可以分为一键 GHOST 安装系统法、U 盘安装系统法、PE 安装系统法等。GHOST 是美国赛门铁克公司旗下的硬盘备份还原工具，使用 GHOST 方法安装系统简单便捷，无需像完全安装方法那样进行各种各样的设置。

7.2.1 使用完全安装法安装 Windows XP 操作系统

首先设置从光盘启动，上节中已经介绍了，这里就不再介绍了。在安装操作系统之前准备好一张 Windows XP 操作系统盘，以及操作系统的密钥。

Step 1 将光盘放入光驱，光盘自动启动后，会看到如图 7-11 所示的界面，提示按任意键从光盘启动，此时按键盘上的任意一个键。

图 7-11 按任意键从光盘启动

Step 2 进入 Windows XP 的安装程序界面，如图 7-12 所示，现在要安装 Windows XP，因此按 Enter 键。

Step 3 进入 Windows XP 的许可协议界面，如图 7-13 所示，按 F8 键同意安装许可协议。

Step 4 使用上下方向键来选择安装系统所用的分区，这里选择 C 分区，选择好之后按 Enter 键，如图 7-14 所示。

图 7-12 安装程序界面

图 7-13 许可协议界面

图 7-14 选择安装系统的分区

Step 5 对所选分区进行格式化，如图 7-15 所示。

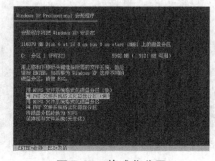

图 7-15 格式化分区

Step 6　进入确认继续格式化分区的界面，按 Enter 键同意格式化，如图 7-16 所示。

图 7-16　确认格式化界面

Step 7　进入安装程序正在格式化的界面，如图 7-17 所示，格式化进度条为 100%时，表明格式化完毕。

图 7-17　格式化界面

Step 8　格式化 C 分区完成之后,就会出现如图 7-18 所示的界面，即从光盘中复制系统文件到分区里面。当复制文件进度条为 100%时，表明复制完毕。

图 7-18　复制文件界面

Step 9　文件复制完成之后，安装程序开始

初始化 Windows 配置，之后计算机会重新启动，然后进入如图 7-19 所示的安装 Windows 的界面。

图 7-19　安装 Windows 的界面

Step 10　当安装 Windows 进行了一段时间后就会出现如图 7-20 所示的界面，设置区域和语言选项，单击【下一步】按钮即可。

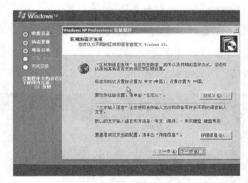

图 7-20　设置区域和语言选项

Step 11　在进入的界面中输入姓名和单位名称，如图 7-21 所示。

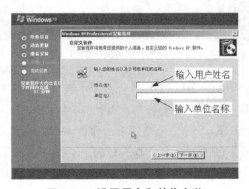

图 7-21　设置用户和单位名称

Step 12 单击【下一步】按钮，出现设置工作组或计算机域界面，其中共有 2 个选项，这里选择上面的选项，如图 7-22 所示。

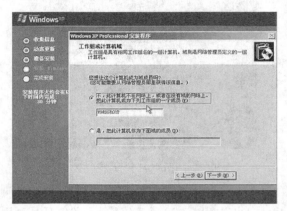

图 7-22　设置工作组或计算机域

Step 13 单击【下一步】按钮，在进入的界面中设置计算机名和管理员密码，在【计算机名】后面为计算机输入新的名称，密码可以空着不设置，如图 7-23 所示。

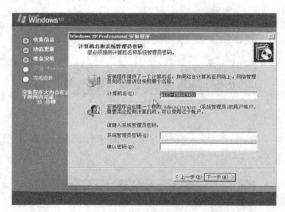

图 7-23　设置计算机名和管理员密码

Step 14 单击【下一步】按钮，在进入的界面中输入产品的密钥，如图 7-24 所示。

Step 15 单击【下一步】按钮，在进入的界面中设置系统的日期和时间，如图 7-25 所示。

Step 16 设置完毕后单击【下一步】按钮，进入复制、安装网络系统的界面，如图 7-26 所示。

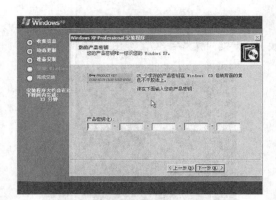

图 7-24　输入密钥认证

图 7-25　设置系统的日期和时间

图 7-26　安装 Windows 的界面

Step 17 在如下对话框中进行计算机的网络设置，这里选择典型设置即可，如图 7-27 所示。

Step 18 然后单击【下一步】按钮，在进入的界面中设置计算机如何连接到 Internet，在此选择上面的选项，如图 7-28 所示。

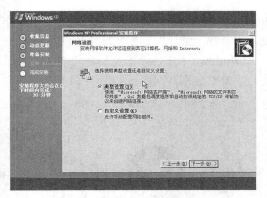

图 7-27　计算机的网络设置

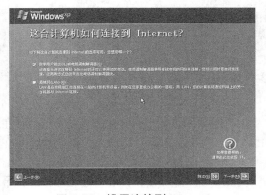

图 7-28　设置连接到 Internet

Step 19　然后单击【下一步】按钮，等待一段时间，安装完成后计算机就会自动重新启动。

Step 20　系统重启以后，接下来就会提示进行一些设置，这时选择默认设置即可，这里就不再介绍了。最后会出现一个界面提示系统已经安装成功，如图 7-29 所示。

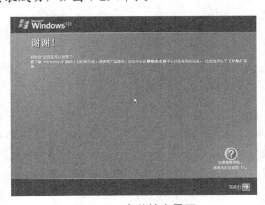

图 7-29　安装结束界面

Step 21　系统完全安装完毕后，还需要安装相关硬件的驱动程序，后面会详细介绍。

7.2.2　使用一键 GHOST 安装 Windows XP 操作系统

一键 GHOST 安装方法过程很简单，不需要各种设置，是最流行的一种快速装机方法。在使用 GHOST 安装操作系统之前，需要将计算机硬盘分好区，同时设置第一启动为光盘启动，把 GHOST 系统盘放入在光驱当中。一键 GHOST 安装 Windows XP 操作系统的具体步骤如下。

Step 1　重新开机后进入如图 7-30 所示的界面，利用键盘上的方向键选择第一个选项【把系统装到硬盘的第一分区】选项。

图 7-30　GHOST 主界面

Step 2　按 Enter 键，GHOST 会自动安装系统，如图 7-31 所示。

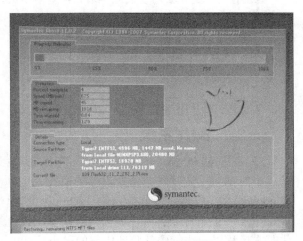

图 7-31　自动安装系统

Step 3 待系统安装完毕，计算机会自动重启，重启后出现如图 7-32 所示的界面，检测计算机本身的硬件结构，同时自动安装计算机硬件的相关驱动，如图 7-33 所示。

图 7-32　检测硬盘配置

图 7-33　安装硬件驱动

Step 4 硬件驱动安装完毕后，再重启一次计算机，操作系统就算安装好了。一般情况下，使用 GHOST 安装操作系统，大部分硬件驱动基本上都会自动安装，如果有个别驱动没有装好，则需要手动安装。

7.2.3　使用 PE 安装 Windows XP 操作系统

PE 是指 Windows 预安装环境，是带有限服务的最小的 Win32 子系统，基于以保护模式运行的 Windows XP Professional 内核。它包括运行 Windows 安装程序及脚本、连接网络共享、自动化基本过程以及执行硬件验证所需的最小功能。

Windows PE 不是设计为计算机上的主要操作系统，而是作为独立的预安装环境和恢复技术。

Windows PE 主要的使用环境与实际 PC 环境几乎没有区别，其界面如图 7-34 所示。

图 7-34　Windows PE 界面

本节主要介绍使用 PE 来安装操作系统。在进 PE 之前，需要设定第一启动为光盘启动，并在光驱中插入带 PE 的操作系统盘。

Step 1 启动计算机后，通过光驱的引导出现如图 7-35 所示的画面，利用键盘上的上下方向键定位到第 2 项即【进入 Win PE 微型系统】选项，同时按 Enter 键。

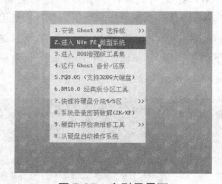

图 7-35　主引导界面

Step 2 进入 Win PE 主界面，如图 7-36 所示，双击桌面上的【恢复 XP 到 C 盘】图标，出现一个系统安装对话框，单击【确定】按钮。

图 7-36　恢复 XP 到 C 盘

Step 3　这时会出现和使用 GHOST 安装操作系统基本相似的界面，如图 7-37 所示，待图中的进度条走到 100% 的时候，重启计算机。

图 7-37　安装操作系统

Step 4　重新启动计算机后首先要检测计算机的硬件结构，并根据硬件结构自动安装相应的驱动。

7.2.4　使用 U 盘安装 Windows XP 操作系统

使用 U 盘装 Windows XP 操作系统前，需要把 U 盘制作成"USB 式的光驱"，其次在 BIOS 里面把 U 盘设为第一启动项。使用 U 盘引导计算机启动后，安装 Windows XP 操作系统的过程同 GHOST 基本一样。

1.　制作 U 盘启动盘

本书以电脑店超级 U 盘启动制作工具 V5.0 为例介绍如何制作 U 盘启动盘。制作前需要准备一个 1G 容量以上的空 U 盘、电脑店超级 U 盘启动制作工具和需要进行安装的 GHOST 镜像文件，具体操作如下。

Step 1　双击打开电脑店超级 U 盘启动制作工具 V5.0，其主界面如图 7-38 所示。

图 7-38　U 盘启动盘制作工具主界面

Step 2　把 U 盘插入计算机 USB 插口后单击【一键制作启动 U 盘】按钮，弹出一个信息提示对话框，直接单击【确定】按钮即可，如图 7-39 所示。

图 7-39　一键制作启动 U 盘

Step 3　设置完毕后，软件会自动制作启动 U 盘，如图 7-40 所示。

图 7-40　正在制作启动 U 盘

Step 4　制作完毕后，会出现如图 7-41 所示的对话框，提示制作启动 U 盘过程结束，单击【确定】按钮即可。

图 7-41　启动 U 盘制作完毕

Step 5　制作好的启动 U 盘的文件目录下有两个文件夹，分别为【GHO】文件夹和【我的工具】文件夹，如图 7-42 所示。

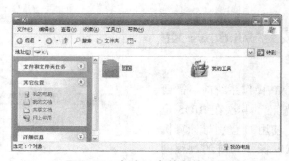

图 7-42　启动 U 盘的文件目录

Step 6 【我的工具】文件夹里面存放着从U盘启动盘制作工具的"工具箱"中下载的各种应用软件，如图7-43和图7-44所示，进入Win PE时会在开始菜单上自动列出这些工具，并支持运行，方便实用。

图7-43 【我的工具】文件夹

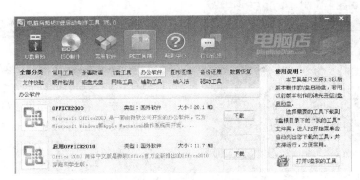

图7-44 U盘启动盘制作工具提供的"工具箱"

Step 7 将GHO镜像文件复制到GHO文件夹中，并重命名为"DND.GHO"，如图7-45所示。

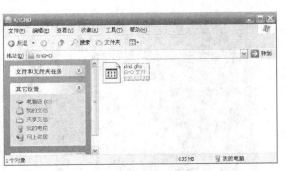

图7-45 【GHO】文件夹

2. 使用U盘安装操作系统

制作好U盘启动盘后，就可以使用U盘安装操作系统了。在使用U盘安装操作系统前，需设定第一启动设备为U盘。下面介绍使用制作好的U盘安装操作系统的步骤。

Step 1 启动计算机后进入U盘启动盘制作工具的主界面，选择【进入GHOST备份还原系统多合一菜单】选项，如图7-46所示。

Step 2 在如图7-47所示的的界面中，选择第一项【不进PE安装系统GHO到硬盘第一分区】，然后按Enter键确认。

Step 3 在进入的如图7-48所示的界面中，在【请选择相应的序号来执行任务】命令后面输入"1"，确定使用U盘里面GHO文件夹下的DND.GHO系统备份来安装操作系统。

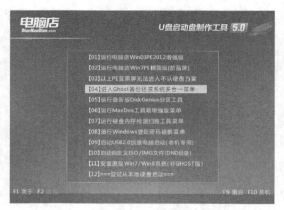

图 7-46　U 盘启动盘制作工具的主界面

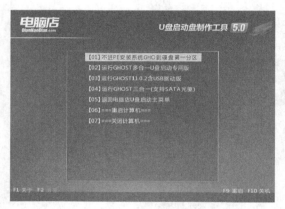

图 7-47　设置安装系统到第一分区

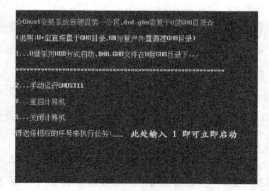

图 7-48　选择相应的系统备份文件

Step 4　输入完毕后按 Enter 键，会出现如图 7-49 所示的安装操作系统的界面，进度条走完后，重启计算机，安装过程结束。

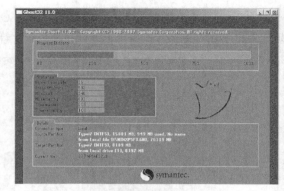

图 7-49　自动安装操作系统

7.3　安装 Windows 7 操作系统

Windows 7 操作系统的安装方法也有很多种，可以使用完全安装、U 盘安装、进 PE 安装、使用 GHOST 安装等方法，后面 3 种方法和安装 Windows XP 操作系统的方法基本一致，这里就不再介绍。下面主要介绍使用完全安装法来安装 Windows 7 操作系统。需要注意的是，在安装系统之前，首先需要设置第一启动设备为光驱，然后才能安装。

Step 1　将 Windows 7 操作系统光盘放入光驱，从光驱启动后出现安装 Windows 7 的界面，如图 7-50 所示。

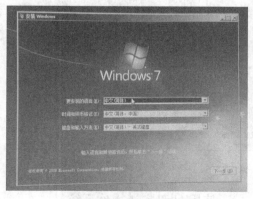

图 7-50　安装语言选择界面

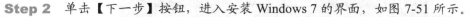

Step 2　单击【下一步】按钮，进入安装 Windows 7 的界面，如图 7-51 所示。

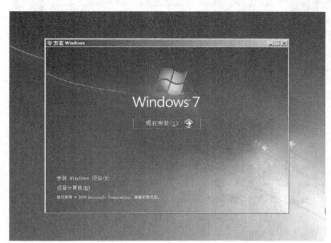

图 7-51　安装 Windows 7 系统

Step 3　单击【现在安装】按钮，出现阅读许可协议对话框，勾选【我接受许可条款】选项，然后单击【下一步】按钮，如图 7-52 所示。

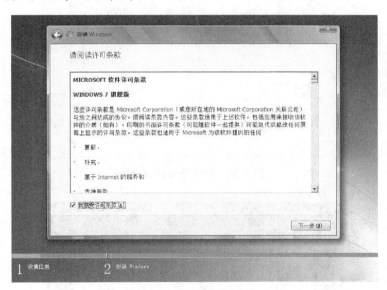

图 7-52　安装许可协议

Step 4　在出现的界面中选择【自定义（高级）】选项，如图 7-53 所示。

Step 5　在进入的界面中选择要安装的分区，这里选择第一个分区，如图 7-54 所示，然后单击【下一步】按钮。

Step 6　接下来安装 Windows 7，这个过程包括复制 Windows 文件、展开 Windows 文件、安装功能、安装更新、完成安装等，可能需要一段时间，如图 7-55 所示。在安装的过程中，计算机可能会自动重启几次。

图 7-53　选择安装类型

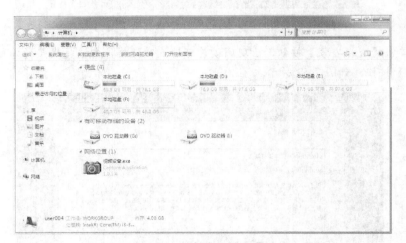

图 7-54　选择安装分区界面

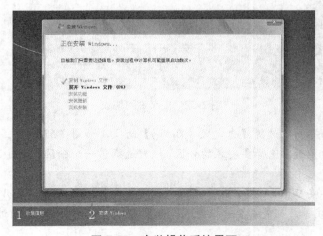

图 7-55　安装操作系统界面

Step 7　安装结束后，计算机重启，并出现如图 7-56 所示的界面，为首次使用计算机做准备。

Step 8　第一次启动后，就会出现如图 7-57 所示的界面，需要输入用户名、密码，密码可以不填，这样在以后启动时会跳过密码输入步骤。

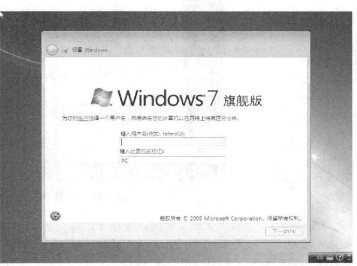

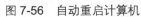

图 7-56　自动重启计算机　　　　　　　　　　图 7-57　设置用户名和密码

Step 9　单击【下一步】按钮，在进入的界面中的【产品密钥】下面的空白框中输入 Windows 7 的 25 位产品密钥，如图 7-58 所示。

图 7-58　输入产品密钥

Step 10　然后单击【下一步】按钮，在弹出的界面中选择【使用推荐设置】选项，如图 7-59 所示。

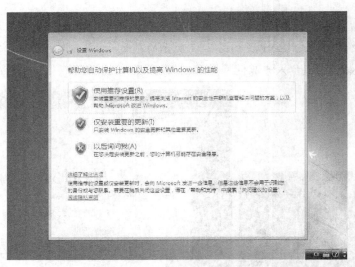

图 7-59 设置系统更新方式

Step 11 之后需要设置时间、日期等。设置完成后首次进入桌面，至此 Window 7 操作系统就基本安装完毕了，界面如图 7-60 所示。

图 7-60 Windows 7 界面

Step 12 接下来需要安装相关硬件的驱动程序，以及各种软件。

7.4 安装双系统

在安装双系统时，应遵循"旧版本到新版本"的安装原则。比如要在一台计算机中安装 Windows XP 和 Windows 7 系统，这时应该先安装 Windows XP 系统，然后再装 Windows 7 系统，最好不要反过来安装。

下面简单介绍在 Windows XP 系统下安装 Windows 7 系统的过程。如果 Windows XP 系统安装在 C 盘，那么 Windows 7 应该安装在非 C 盘，例如 E 盘等，该盘必须是 NTFS 格式的空白磁盘，且磁盘空间大小应在 16GB 以上，建议 20～30GB。

Step 1 将 Windows 7 系统盘放入光驱中，系统盘自动运行后即可进入安装 Windows 7 界面，选择【现在安装】选项，如图 7-61 所示。

图 7-61 选择现在安装

Step 2 此时出现阅读许可协议对话框，勾选【我接受许可条款】选项，然后单击【下一步】按钮，如图 7-62 所示。

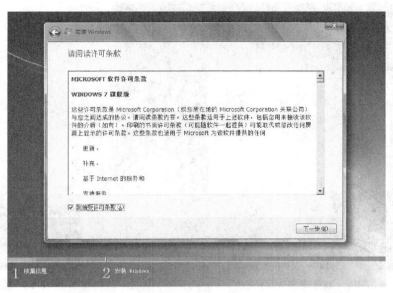

图 7-62　安装许可协议

Step 3　继续在出现的界面中选择【自定义安装】选项，如图 7-63 所示。

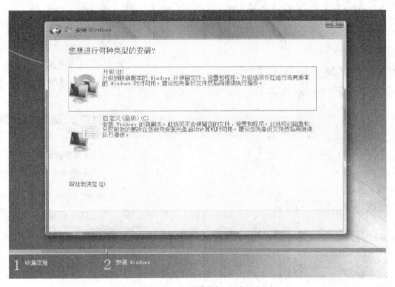

图 7-63　选择安装类型

Step 4　继续在进入的界面中选择要安装的分区，这里选择第三个分区（E 盘），如图 7-64 所示，然后单击【下一步】按钮。

Step 5　剩下的安装步骤和 7.3 节中安装 Windows 7 的过程一样，安装结束后，重新启动后会出现如图 7-65 所示的界面，说明两个系统已经安装好了，利用键盘上的上下方向键选择进入相应的系统。

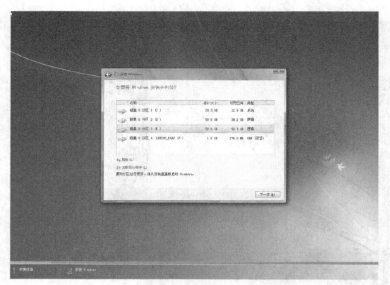

图 7-64　选择安装分区界面

图 7-65　安装好的双系统

7.5　安装硬件驱动程序

计算机的操作系统安装完毕以后，就要安装相应硬件的驱动程序。这些硬件包括主板、显卡、声卡、内存等。可能有的硬件驱动程序在安装系统的时候已被自动安装好，但是还有些没有被安装，这时候需要手动去安装。有些外置设备的驱动程序，也需要自己去手动安装，比如打印机、扫描仪等。

图 7-66　打开【我的电脑】的属性选项

7.5.1　安装硬件驱动程序

在安装硬件驱动程序之前，首先检查一下硬件驱动程序的安装情况。

1.　检查硬件驱动程序的安装情况

Step 1　右击桌面上的【我的电脑】图标，在弹出的菜单中选择【属性】选项，如图 7-66 所示。

Step 2　在打开的【系统属性】对话框中选择【硬件】选项卡，然后单击【设备管理器】按钮，如图 7-67 所示。

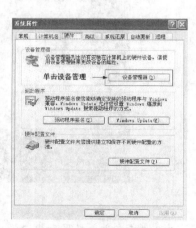

图 7-67　选择设备管理器

Step 3　在打开的【设备管理器】对话框中可以看到本计算机的全部硬件设备。前面标有图标的选项，为没有安装驱动程序的硬件设备，如图 7-68 所示。

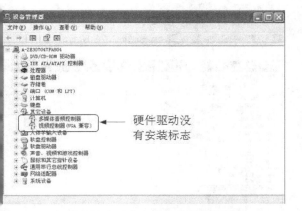

图 7-68　检查没有安装驱动的硬件设备

Step 4　通过检查发现，本机中还有两个硬件设备没有安装驱动程序，分别是多媒体音频设备控制器和视频控制器，这时候需要手动安装这两个设备的驱动程序。

2. 安装硬件设备的驱动程序

Step 1　通过相应的软件检测硬件设备所需要的驱动程序的型号，并进行下载。检测软件有很多，这里推荐使用鲁大师这个软件，如图 7-69 所示。

图 7-69　检测硬件型号

Step 2　知道硬件型号以后，上网寻找相应的驱动程序，将其下载并置于合适的位置。

Step 3　再次进入【设备管理器】对话框，选择没有安装驱动程序的设备并右击，在弹出的菜单中选择【更新驱动程序】选项，如图 7-70 所示。

Step 4　在打开的【硬件更新向导】对话框中有 3 个选项，在此选择【是，仅这一次】选项，

如图 7-71 所示。

图 7-70　更新驱动程序

图 7-71　硬件更新向导对话框

Step 5　单击【下一步】按钮，选择【从列表或指定位置安装(高级)】选项，如图 7-72 所示。

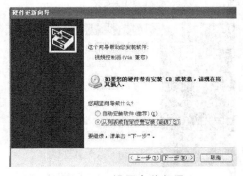

图 7-72　设置安装向导

Step 6　单击【下一步】按钮，设置搜索和安装选项，手动设置驱动文件存放的位置，具体设置如图 7-73 所示。

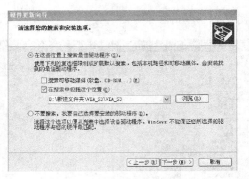

图 7-73　设置搜索和安装选项

Step 7　单击【下一步】按钮，这时会出现一个硬件安装的警告对话框，单击【仍然继续】按钮继续安装，如图 7-74 所示。

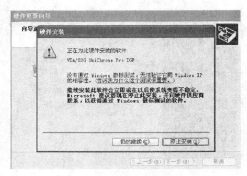

图 7-74　警告对话框

Step 8　稍等片刻，视频控制驱动程序安装成功，出现如图 7-75 所示的界面，单击【完成】按钮完成视频驱动程序的安装。

图 7-75　安装成功

Step 9　使用上述方法安装声卡的驱动程序。待所有硬件的驱动程序安装成功后，在【设

备管理器】对话里面没有  标志，表示所有硬件驱动程序已安装完毕，如图 7-76 所示。

图 7-76　所有驱动程序安装完成

除了上面介绍的方法之外，还可以使用软件进行硬件驱动程序的安装，比较流行的软件有驱动精灵、鲁大师等，这些操作比较简单，在此不再赘述。

7.5.2　安装打印机驱动程序

有些外置设备的驱动程序需要自己去手动安装，比如打印机、扫描仪等。所有的外置设备的驱动程序安装方法基本一致。本小节以惠普 1010 打印机为例，讲解打印机驱动程序的安装过程。需要注意的是，打印机一般是 USB 接口的，在安装打印机驱动程序之前，要知道打印机的型号，再找相应的驱动程序进行安装。

Step 1　依照前面的方法，首先找到惠普 1010 打印机的驱动程序文件，然后双击 autorun.exe 文件，如图 7-77 所示。

图 7-77　打印机驱动程序

Step 2　进入打印机的自动安装界面，出现安装打印机选项，如图 7-78 所示，单击【安装打印机】选项。

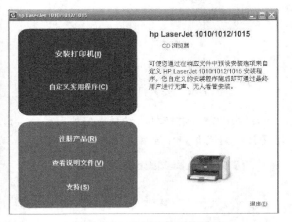

图 7-78　选择安装打印机

Step 3　打开【hp LascrJet 1010 系列安装程序】对话框，如图 7-79 所示，单击【下一步】按钮。

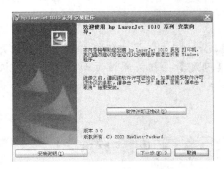

图 7-79　打印机安装向导

Step 4　选择【直接连接计算机】选项，如图 7-80 所示。

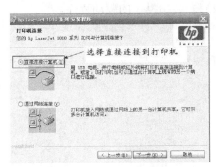

图 7-80　设置打印机连接方式

Step 5　单击【下一步】按钮，设置打印机和计算机的连接类型，在此选择【USB 电缆】选项，如图 7-81 所示。

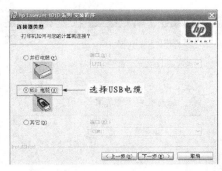

图 7-81　设置打印机连接类型

Step 6　单击【下一步】按钮，设置打印机的安装类型，在此选择【典型安装】选项，如图 7-82 所示。

图 7-82　设置打印机安装类型

Step 7　单击【下一步】按钮，设置打印机的共享，在此选择【共享为】选项，并为打印机起名为 "hp"，如图 7-83 所示。

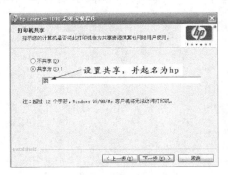

图 7-83　设置打印机共享

Step 8 单击【下一步】按钮，设置打印机的位置和说明，这两处也可以不用填写，如图 7-84 所示。

图 7-84 设置打印机的位置和说明

Step 9 至此，安装打印机的向导设置完毕，如图 7-85 所示。

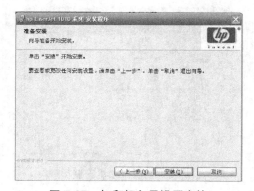

图 7-85 打印机向导设置完毕

Step 10 单击【安装】按钮，系统将按照上面的设置自动安装打印机驱动程序，如图 7-86 所示。

图 7-86 安装打印机驱动程序

Step 11 打印机驱动程序安装完毕后，出现【打印测试页】对话框，如图 7-87 所示。

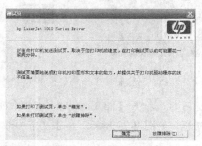

图 7-87 安装完毕

Step 12 如果打印机打印出了测试页，则单击【确定】按钮关闭该页面，完成打印机驱动程序的安装。

▌7.6 ▌上机与练习

（1）在 BIOS 里面设置光驱为第一启动设备。
（2）使用刻录机刻录一张 Windows 7 系统盘。
（3）使用完全安装法练习 Windows 7 的安装。
（4）安装扫描仪的驱动程序。

第 **8** 章

操作系统的备份、还原与数据恢复

📖 **学习目标**

学习计算机操作系统的备份和还原及数据的恢复的相关知识。通过本章的学习，读者能够对计算机的操作系统进行备份，能够使用备份进行还原，同时还能对删除或者格式化的数据通过相关的手段进行恢复。

📖 **学习重点**

掌握通过光盘启动 Ghost 的方法；使用 Ghost 对系统进行备份和还原；理解数据恢复的原理；掌握使用软件进行数据恢复的方法。

📖 **主要内容**

◆　操作系统的备份和还原

◆　数据恢复

8.1 操作系统的备份与还原

上一章讲述了系统的安装，安装完操作系统之后，还需要对操作系统进行备份。如果没有备份，那么如果计算机系统崩溃之后，就需要重新安装操作系统，同时所有的驱动程序和软件都需要重新安装，这样既费时又麻烦。如果用户保留有备份文件，那么可以直接还原备份，这样省时又省力。这一节就来学习系统的备份和还原的相关方法。

8.1.1 使用 Ghost 对系统进行备份、还原

Ghost 是著名的备份、还原工具，使用该工具，可以对系统做备份，做备份之后还能使用 Ghost 对系统还原，这一节就来学习使用使用 Ghost 给系统做备份、并还原系统的方法。

1. 使用 Ghost 备份系统

平常的 Ghost 系统盘里面都有 Ghost 应用。启动 Ghost 的方法很多，可以通过光驱或者 U 盘启动 Ghost。这里以从光驱启动 Ghost 为例进行介绍首先设置第一启动项为光驱，并在光驱里面插入 Ghost 系统盘。

启动后选择相应选项即可打开 Ghost，其界面如图 8-1 所示。主程序有 4 个可用选项，分别是：Quit（退出）、Help（帮助）、Options（选项）和 Local（本地）。使用方向键定位到 Local（本地）选项，其子菜单中有 3 个子项，分别是 Disk、Partition、Check。

◆ Disk：表示备份整个硬盘（即硬盘克隆）。

◆ Partition：表示备份硬盘的单个分区。

◆ Check：表示检查硬盘或备份的文件，查看是否可能因分区、硬盘被破坏等造成备份或还原失败。

值得注意的是，当选择了某个选项时，这个选项就变成了白色。如图 8-1 所示，定位在 Local 选项时，Local 选项就变成了白色，此时表示选择了 Local 选项。按向右方向键展开子菜单，同时用向上或向下方向键选择菜单，另外也可以用键盘上的 Tab 键选择菜单。

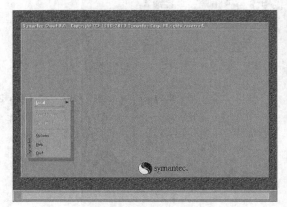

图 8-1 Ghost 界面

下面学习使用 Ghost 备份系统的方法，具体操作如下。

Step 1 启动计算机，通过光驱引导进入 Ghost 引导主界面，然后利用键盘上的方向键选择【手动运行 Ghost】选项，如图 8-2 所示。

图 8-2 Ghost 引导主界面

Step 2 按 Enter 键进入 Ghost 界面，首先通过方向键选择【Local】选项，然后依次选择 Local（本地）/Partition（分区）/To Image（产生镜像）选项，如图 8-3 所示。

Step 3 此时会弹出硬盘选择窗口，如图 8-4 所示，因为该计算机只有一个硬盘，因此直接按键盘上的 Tab 键切换到【OK】按钮，并按 Enter 键确认。

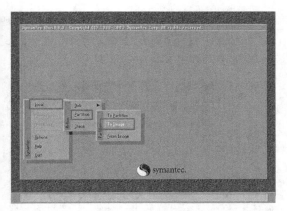

图 8-3　备份设置

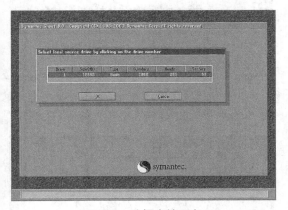

图 8-4　选择本地硬盘

Step 4　选择要对哪个分区进行系统备份，一般情况下选择第一个分区，然后按键盘上的 Tab 键切换到【OK】按钮，并按 Enter 键确认，如图 8-5 所示。

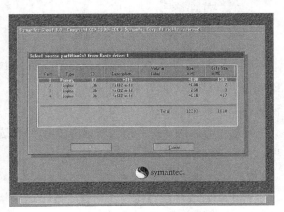

图 8-5　选择要进行备份的分区

Step 5　完成上面的设置后，会出现如图 8-6 所示的界面，用来设置存放备份的分区、目录路径及备份文件名称、格式等。

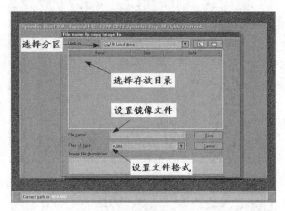

图 8-6　设置备份的存放

Step 6　按 Tab 键切换到最上边框位置，如图 8-7 所示。

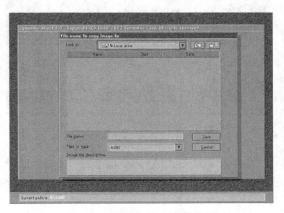

图 8-7　设置备份存放的分区

Step 7　按 Enter 键展开其列表，会出现硬盘的所有分区，如图 8-8 所示。

Step 8　在弹出的分区列表中，没有显示要备份的分区。注意：在列表中显示的分区盘符（C、D、E）与实际盘符会不相同，但盘符后面的 1:2（即第一个磁盘的第二个分区）与实际相同，选分区时需要留意，要将镜像文件存放在有足够空间的分区里面。

Step 9　这里将用原系统的 F 盘，使用向下方向键选择（E:1:4），即第一个磁盘的第四个分区

（使其字体变为白色），如图8-9所示。

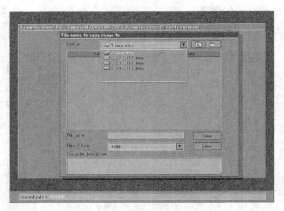

图 8-8　硬盘所有分区

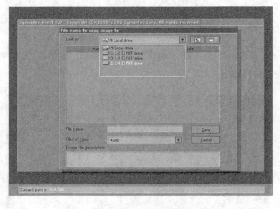

图 8-9　设置备份存放在 F 盘

Step 10　选好分区后按 Enter 键确认选择，出现如图 8-10 所示的界面，显示分区的所有文件列表。

图 8-10　F 盘的所有文件

Step 11　将镜像文件放在 F 盘根目录，所以不用选择目录，直接按 Tab 键切换到【File name】文本框位置，如图 8-11 所示。

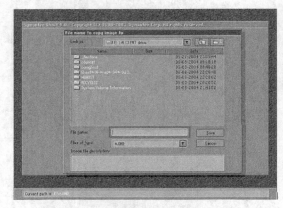

图 8-11　选择【File name】文本框

Step 12　在该输入框中输入镜像文件的名称，例如将镜像文件命名为 cxp.GHO。注意镜像文件的名称要带有 GHO 的后缀名，如图 8-12 所示。

图 8-12　设置备份名称

Step 13　输入镜像文件名称后，直接按 Enter 键开始备份，此时会出现一个询问对话框，询问是否压缩备份数据，如图 8-13 所示。

询问是否压缩备份数据的对话框中有 3 个选项，分别是：No、Fast、High。

◆ No：表示不压缩。

◆ Fast：表示压缩比例小而执行备份速度较快（推荐）。

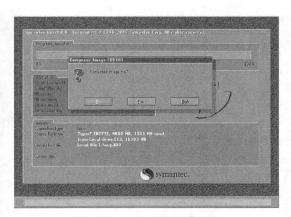

图 8-13　询问是否压缩备份

♦ High: 表示压缩比例高但执行备份速度相
　对慢。

如果不需要经常执行备份与恢复操作，可选
【High】，这样压缩比例高，镜像文件的大小相对
来说最小。

Step 14　在此选择【High】模式，按 Enter
键后即开始进行备份，如图 8-14 所示，整个备份
过程一般需要五至十几分钟（时间长短与 C 盘数
据、硬件速度等因素有关）。

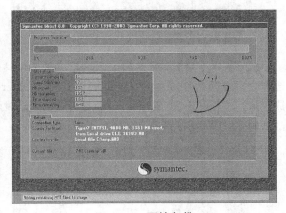

图 8-14　开始备份

Step 15　等待数据备份结束后，会出现如
图 8-15 所示的界面。

Step 16　此时按键盘上的 Enter 键即可退
出到程序主画面，如图 8-16 所示，用键盘上的向
下方向键选择【Quit】选项，并按键盘上的 Enter
键退出。

图 8-15　备份结束

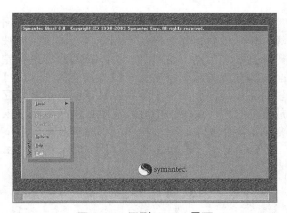

图 8-16　回到 Ghost 界面

Step 17　此时会出现如图 8-17 所示的对话
框，使用键盘的 Tab 键切换到【Yes】按钮，并按
Enter 键确认。

图 8-17　退出 Ghost

Step 18 重新启动计算机进入操作系统，打开 F 盘后查看刚才生成的备份文件，结果如图 8-18 所示。

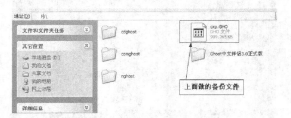

图 8-18 查看备份文件

2. 使用 Ghost 还原系统

如果硬盘中已经备份的分区中的数据受到损坏，用一般数据修复方法不能修复，同时系统被破坏后不能启动，这时可以用备份的数据进行完全复原而无须重新安装程序或系统。另外，也可以将备份还原到另一个硬盘上。下面来讲解将存放在 F 盘根目录的原 C 盘的备份文件 cxp.GHO 恢复到 C 盘的方法，具体操作过程如下。

Step 1 首先通过光驱引导进入程序的主界面，如图 8-19 所示。

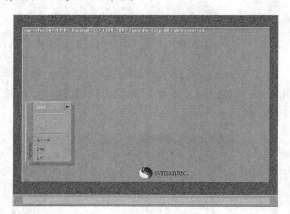

图 8-19 主界面

Step 2 通过键盘上的方向键选择 Local（本地）/Partition（分区）/From Image（恢复镜像）选项，如图 8-20 所示。

Step 3 按 Enter 键确认，在进入的界面中选择备份文件所在的分区，备份文件 cxp.GHO 存放在 F 盘（第一个磁盘的第四个分区）根目录，这里通过上下方向键选择 "D:1:4"，如图 8-21 所示。

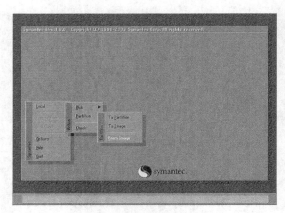

图 8-20 还原设置

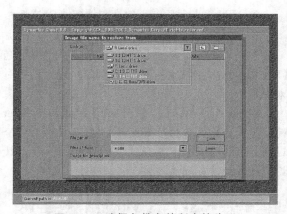

图 8-21 选择备份文件所在的分区

Step 4 按 Enter 键确认，然后使用方向键选择分区里面的备份文件 cxp.GHO 后，再按 Enter 键确认。出现的如图 8-22 所示的界面后，通过键盘上的 Tab 键切换到【OK】按钮，按 Enter 键确认。

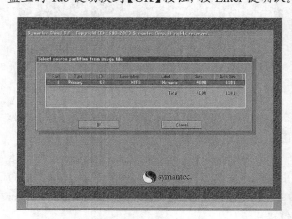

图 8-22 备份文件信息

Step 5　在弹出的硬盘选择窗口中选择硬盘。一般情况下，一台计算机中只有一个硬盘（如果计算机中有多个硬盘，则需要选择要还原的硬盘），因此不用选择，直接按键盘上的 Tab 键切换到【OK】按钮，按 Enter 键确认，如图 8-23 所示。

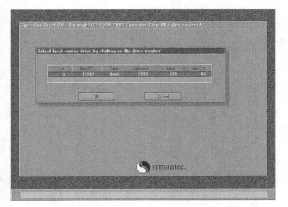

图 8-23　选择本地硬盘

Step 6　进入下一个界面，选择要恢复数据的分区。因为要将备份文件恢复到 C 盘（即第一个分区），因此在此选择第一个分区，如图 8-24 所示。

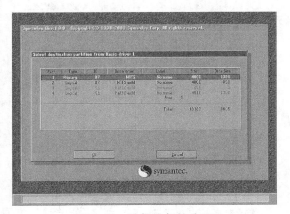

图 8-24　选择恢复的分区

Step 7　通过键盘上的 Tab 键切换到【OK】按钮，按 Enter 键确认，弹出警告对话框，提示即将恢复，但是会覆盖选中分区的现有数据，如图 8-25 所示。

Step 8　通过键盘上的 Tab 键切换到【YES】按钮，并按 Enter 键确认，系统将自动恢复，大约会持续 3 ~ 5 分钟，如图 8-26 所示。

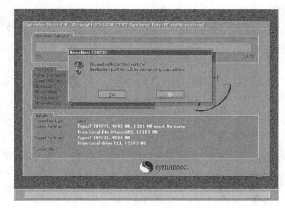

图 8-25　警告框

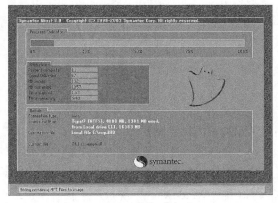

图 8-26　恢复进行中

Step 9　恢复结束后再次出现一个警告对话框，提示完成恢复，需要重启计算机，如图 8-27 所示。

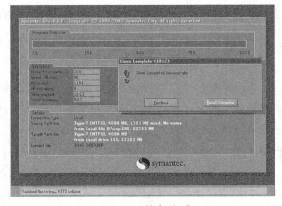

图 8-27　恢复完成

Step 10 通过键盘上的 Tab 键切换到【Reset Computer】按钮，并按 Enter 键确认，计算机会重启，重新开机后整个系统就会恢复到原先做备份时候的状态。

8.1.2 使用 OneKey 对系统进行备份、还原

OneKey 是一款设计专业、操作简便、可在 Windows 下对操作系统进行一键备份和恢复的绿色程序，它是在 Ghost 基础上发展而来，应用十分方便。其主界面如图 8-28 所示。

图 8-28　OneKey 主界面

OneKey 的优点主要有以下几点。

◆ 支持多硬盘，同时支持混合的分区格式。

◆ 支持多种操作系统，包括 Windows XP 系统、Windows 7 系统以及最新的 Windows 8 系统。

◆ 支持 32 位、64 位操作系统。

需要特别注意的是有些机器不支持 OneKey 给系统做备份还原，这时候通过光驱引导到 Ghost 界面，下面介绍如何使用 OneKey 给系统做备份还原。

1. 使用 OneKey 备份系统

Step 1 打开 OneKey 的应用程序进入其主界面，在【Ghost 操作】栏中选择【备份】选项，然后在【备份分区】下拉列表框中选择【C】盘，如图 8-29 所示。

Step 2 单击 OneKey 主界面的保存(S)按钮，会出现【选择 Ghost 镜像文件】对话框，如图 8-30 所示。

图 8-29　OneKey 主界面

图 8-30　选择保存地址

Step 3 设置备份文件的存放位置，在此将其存放在 D 盘下面的 ghost 文件夹里面，并起名为"123"，如图 8-31 所示。

图 8-31　备份镜像命名

Step 4 设置完毕后单击保存(S)按钮，返回【OneKey Ghost】主界面，会出现备份文件的存放位置以及路径，如图 8-32 所示。

Step 5 单击确定(O)按钮弹出一个对话框，提示是否马上重启计算机，如图 8-33 所示。

Step 6 单击是(Y)按钮，重新启动计算机，计算机重启后自动使用 Ghost 进行备份，如图 8-34 所示。

图 8-32　回到 OneKey 主界面

图 8-33　提示重启计算机

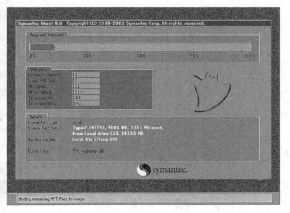

图 8-34　进行备份

Step 7　备份完成后计算机会自动重启进入 Windows 系统，这时候可以在 D 盘下的 ghost 文件夹里面看到刚才生成的备份文件，如图 8-35 所示。

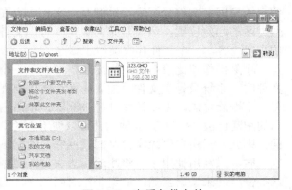

图 8-35　查看备份文件

2. 使用 OneKey 还原

Step 1　打开 OneKey 应用程序，在【Ghost 操作】栏中选择【还原】选项，在【还原分区】下拉列表框中选择【C】盘，如图 8-36 所示。

图 8-36　OneKey 主界面

Step 2　单击 打开(O) 按钮，在弹出的【选择 Ghost】对话框中选择之前生成的备份文件，如图 8-37 所示。

图 8-37　选择之前的备份文件

Step 3　单击 打开(O) 按钮将其打开，并返回【Onekey Ghost】对话框，如图 8-38 所示。

图 8-38　OneKey 主界面

Step 4　单击 确定(O) 按钮出现一个对话框，提示是否马上重启计算机，如图 8-39 所示。

Step 5　单击 是(Y) 按钮，计算机重启后自动使用 Ghost 进行还原，如图 8-40 所示。

图 8-39　提示重启计算机

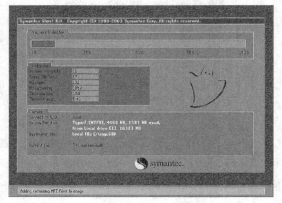

图 8-40　进行还原

Step 6　还原完成后计算机会自动重启,即可恢复到以前做备份时系统状态了。

8.2 数据恢复

本节来学习如何将计算机硬盘中丢失的电子数据进行恢复。

8.2.1　数据恢复的原理

数据恢复是指通过各种技术手段,将保存在台式机硬盘、笔记本硬盘、服务器硬盘、存储磁带库、移动硬盘、U 盘、数码存储 SD 卡、MP3 等设备上丢失的电子数据进行恢复的技术。

在对计算机的操作中,使用删除、格式化等硬盘操作丢失的数据并非完成丢失,而是仍然存在于硬盘中,可以通过相关技术手段进行恢复。下面首先简单介绍硬盘分区管理的相关概念。

◆ 分区:第一次使用硬盘,需要分成各个区,方便管理和使用。硬盘存放数据的基本单位为扇区,无论使用何种分区工具,都会在硬盘的第一个扇区标注上硬盘的分区

数量、每个分区的大小,起始位置等信息,称为主引导扇区,主引导扇区里面主要包括主引导记录和分区表。当主引导记录因为各种原因(例如硬盘坏道、病毒、误操作等)被破坏后,一些或全部分区自然就会丢失不见了,根据数据信息特征,我们可以重新推算分区大小及位置,手工标注到分区信息表中,这样丢失的分区就回来了。

◆ 文件分配表:为了管理文件存储,硬盘分区完毕后,接下来的工作是格式化分区。格式化程序根据分区大小,合理地将分区划分为目录文件分配区和数据区,就像图书,前几页为章节目录,后面才是真正的内容。文件分配表内记录着每一个文件的属性、大小、在数据区的位置。用户对所有文件的操作,都是根据文件分配表来进行的。文件分配表遭到破坏后,系统无法定位到文件,虽然每个文件的真实内容还存放在数据区中,系统仍然会认为文件已经不存在。就像一本书的目录被撕掉一样,要想直接到达想要的章节,已经不可能了,要想找到想要的内容(恢复数据),只能凭记忆知道具体内容的大约页数,这时候数据是可以恢复回来的。

经常造成数据丢失的原因主要有以下几个方面的误操作。

1. 删除

用户向硬盘中存放文件时,系统首先会在文件分配表内写上文件名称、大小,并根据数据区的空闲空间在文件分配表上继续写上文件内容在数据区的起始位置,然后开始向数据区写上文件的真实内容,一个文件存放操作才算完毕。

删除操作却比较简单,当用户需要删除一个文件时,系统只是在文件分配表内在该文件前面写一个删除标志,表示该文件已被删除,他所用的空间已被"释放",其他文件可以使用它的空间。因此,当用户删除文件又想找回它(数据恢复)时,只需用使用工具将删除标志去掉,数据就被恢复回来了。当然,前提是没有新的文件写入,该文件所占用的空间没有被新的内容覆盖。

2. 格式化

格式化操作和删除相似，都只操作文件分配表，不过格式化是将所有文件都加上删除标志，或干脆将文件分配表清空，系统将认为硬盘分区上不存在任何内容。格式化操作并没有对数据区做任何操作。目录空了，内容还在，借助数据恢复知识和相应工具，数据仍然能够被恢复回来。

> **注意：**格式化并不是 100% 能恢复。如果数据重要，千万别尝试格式化后再恢复，因为格式化本身就是对磁盘写入的过程，只会破坏残留的信息。

3. 覆盖

因为磁盘的存储特性，当用户不需要硬盘上的数据时，数据并没有被拿走。删除时系统只是在文件上写一个删除标志，格式化和低级格式化也是在磁盘上重新覆盖写一遍以数字 0 为内容的数据，这就是覆盖。

一个文件被标记上删除标志后，它所占用的空间在有新文件写入时，将有可能被新文件占用覆盖写上新内容。这时删除的文件名虽然还在，但它指向数据区的空间内容已经被覆盖改变，恢复出来的将是错误异常内容。同样文件分配表内有删除标记的文件信息所占用的空间也有可能被新文件名文件信息占用覆盖，文件名也将不存在了。

当将一个分区格式化后，又写入了新内容，新数据只是覆盖掉分区前部分空间，去掉新内容占用的空间，该分区剩余空间数据区上无序内容仍然有可能被重新组织，将数据恢复出来。同理，克隆、一键恢复、系统还原等造成的数据丢失，只要新数据占用空间小于破坏前空间的容量，是可以恢复分区和数据的。

8.2.2　数据恢复中需要注意的问题

数据恢复过程中最怕被误操作而造成二次破坏，使得恢复难度陡增。在数据恢复过程中应注意以下几个问题。

1. 不要进行磁盘检查

一般文件系统出现错误后，系统开机进入启动画面时会自动提示是否需要做磁盘检查，默认

10 秒后开始进行磁盘检查操作，这个操作有时候可以修复一些损坏的目录文件，但是很多时候会破坏数据。因为复杂的目录结构是无法修复的。修复失败后，在根目录下会形成 FOUND.000 这样的目录，里面有大量的以 .CHK 为扩展名的文件。有时候这些文件改个名字就可以恢复，有时候数据完全损坏了，特别是 FAT32 分区或者是 NTFS 分区中比较大的数据库文件等。

2. 不要再次格式化分区

用户第一次格式化分区后分区类型改变，造成数据丢失，比如原来是 FAT32 分区格式化为 NTFS 分区，或者原来是 NTFS 的分区格式化为 FAT32 分区。数据丢失后，用一般的软件不能扫描出原来的目录格式，可以再次把分区格式化恢复成原来的类型，再来扫描数据。需要指出的是，第二次格式化会对原来的分区类型进行严重的错误操作，很可能把本来可以恢复的一些大的文件给破坏了，造成永久无法恢复。

3. 不要把数据直接恢复到源盘上

很多用户删除文件后，用一般的软件恢复出来的文件直接还原到原来的硬盘分区的目录下，这样破坏原来数据的可能性非常大，所以严格禁止直接还原到源盘。

4. 不要进行重建分区操作

分区表破坏或者分区被删除后，若直接使用分区表重建工具直接建立或者格式化分区，很容易破坏掉原先分区的文件分配表或者文件记录表等重要区域，造成恢复难度大大增加。

5. 严禁往需要恢复的分区存新文件

数据丢失后，要严禁往需要恢复的分区里面存新文件。最好关闭下载工具，不要上网，不必要的应用程序也关掉，再来扫描恢复数据。若要恢复的分区是系统分区，当数据文件删除丢失后，若这个计算机里面没有数据库之类的重要数据，建议用户直接把计算机断电，然后把硬盘挂到其他的计算机中来恢复，因为在关机或者开机状态下，操作系统会往系统盘里面写数据，可能会破坏数据。

8.2.3　使用软件进行恢复

数据恢复的软件很多，下面主要讲解使用数据恢复软件 EasyRecovery 恢复通过格式化和删除操作丢失的数据的恢复过程。

1. 软件的安装

Step 1　购买或下载 EasyRecovery 软件，然后单击 EasyRecovery 的安装程序，此时出现如图 8-41 所示的提示框，提示用户不要将其安装在需要恢复数据的分区中。

图 8-41　安装提示框

Step 2　单击 确定 按钮，进入其安装界面，设置安装方式为【快速安装】，如图 8-42 所示。

图 8-42　选择安装路径

Step 3　单击 安装(I) 按钮开始安装，安装 EasyRecovery 过程如图 8-43 所示。

图 8-43　安装过程

Step 4　安装完毕后，下面的 2 个选项不要选择，如图 8-44 所示，单击 完成(E) 按钮完成该软件的安装。

图 8-44　安装完成

2. 删除数据的恢复

下面以恢复硬盘上删除的数据为例进行讲解。

Step 1　启动 EasyRecovery 软件，进入其主页面，如图 8-45 所示。

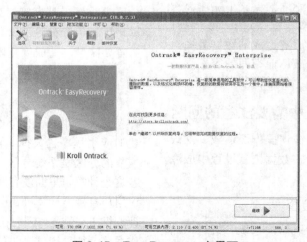

图 8-45　EasyRecovery 主界面

Step 2　在主界面单击 继续▶按钮，在进入的界面中设置选取媒体类型为【硬盘驱动器】，如图 8-46 所示。

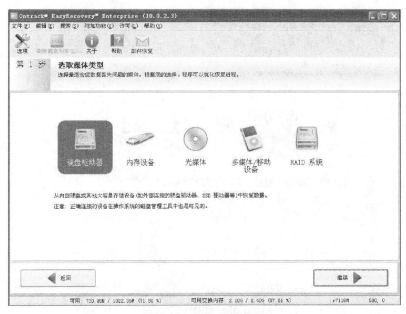

图 8-46　选取媒体类型

Step 3　单击 继续▶按钮，在进入的界面中选择要进行数据恢复的分区，这里选择【F 盘】，如图 8-47 所示。

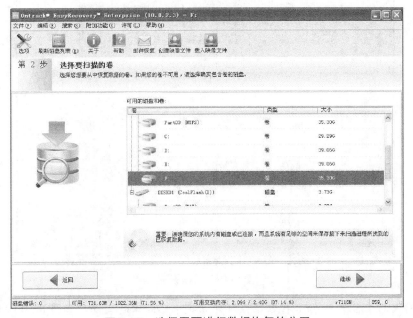

图 8-47　选择需要进行数据恢复的分区

Step 4　单击　按钮，在进入的界面中选择恢复方案，这里选择【删除文件恢复】选项，如图 8-48 所示。

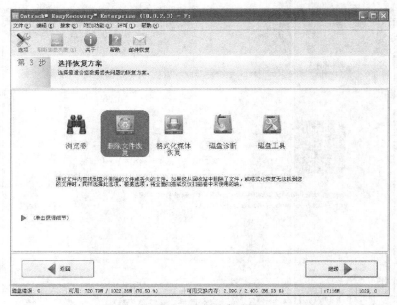

图 8-48　选择恢复方案

Step 5　单击　按钮，在进入的界面中检查上面的设置，如图 8-49 所示。

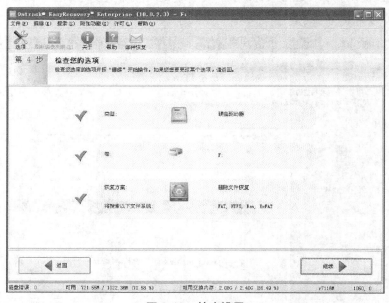

图 8-49　检查设置

Step 6　确认无误后单击　按钮，系统开始搜索已删除的文件，如图 8-50 所示。

Step 7　扫描完毕后，会出现如图 8-51 所示的界面，提示已删除文件已经扫描完毕。

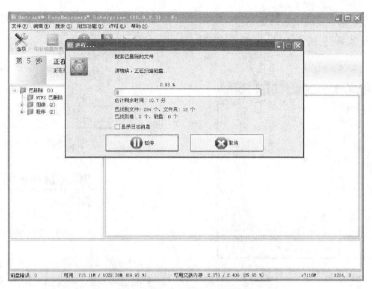

图 8-50　搜索已删除的文件

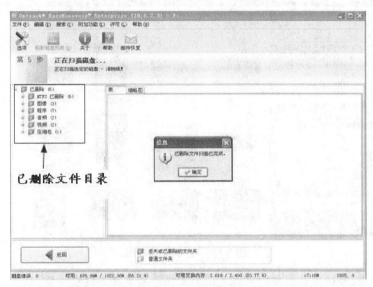

图 8-51　搜索完成

Step 8　选择要恢复的数据类型，在此选择【图像】选项，然后右击，在右键菜单中选择【另存为】选项，如图 8-52 所示。

图 8-52　选择恢复数据类型

Step 9　在打开的【选择目的文件夹】对话框中设置数据的恢复目录，在此注意不要把恢复的数据存在同一个分区里，如图 8-53 所示。

Step 10　单击【保存】按钮将其保存，然后开始恢复数据，数据恢复的过程中可以选择暂停或者取消，如图 8-54 所示。

Step 11　数据恢复的时间和删除数据的多

少有关。数据恢复结束后，会出现如图 8-55 所示
的提示对话框，提示保存进程完毕，同时会说明
保存了多少文件。

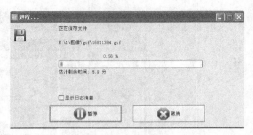

图 8-54　保存数据过程

图 8-53　设置数据恢复的目录

图 8-55　数据保存已完成

Step 12　单击【确定】按钮，然后检查已
删除数据的恢复情况，如图 8-56 所示。

图 8-56　已恢复的数据

Step 13　最后检查恢复的数据时可能发现会有很多的数据还没有恢复，这可能就是占用的簇被别
的数据覆盖掉了，导致恢复数据不完整。

3. 格式化数据的恢复

下面继续讲解格式化后的数据的恢复方法。

Step 1　启动 EasyRecovery 软件，进入其主页面，如图 8-57 所示。

Step 2　在主界面中单击 _{继续} ▶按钮，在进入的界面中设置【选取媒体类型】为【内存设备】，如
图 8-58 所示。

图 8-57　EasyRecovery 主界面

图 8-58　设置恢复 U 盘的数据

Step 3　单击 继续 ▶ 按钮，在进入的界面中选择要进行数据恢复的分区，这里选择最上面的分区即可，如图 8-59 所示。

图 8-59　选择对 U 盘进行扫描

Step 4　单击 继续▶按钮，在进入的界面中选择恢复方案，在此选择【格式化媒体恢复】选项，如图 8-60 所示。

图 8-60　选择格式化恢复

Step 5　单击 继续▶按钮，在进入的界面中检查上面的设置，如图 8-61 所示。

图 8-61　检查设置的选项

Step 6　确认无误后单击 按钮，系统开始搜索已删除的文件，如图 8-62 所示。

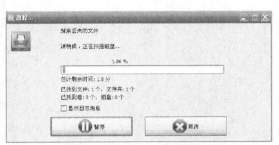

图 8-62　搜索丢失的文件

Step 7　扫描完毕后，会出现如图 8-63 所示的界面，提示已格式化文件已经扫描完毕。

图 8-63　文件扫描完毕

Step 8　单击【确定】按钮进入下一个界面，在【丢失】节点上右击，选择右键菜单中的【另存为】命令，如图 8-64 所示。

图 8-64　设置要保存的数据

Step 9　在打开的【选择目的文件夹】对话框中设置数据的恢复目录，在此需要注意的是不要把恢复的数据存在同一个分区里，这里将目录设置在其他分区下面，如图 5-65 所示。

图 8-65　设置数据保存的位置

Step 10 单击【保存】按钮保存，并开始恢复数据，如图 8-66 所示。

图 8-66 保存文件

Step 11 数据恢复的过程中可以选择暂停或者取消，数据恢复的时间和格式化前数据的多少有关。数据恢复结束后，会出现如图 8-67 所示的提示对话框，提示保存进程完毕，同时会说明保存了多少文件。

图 8-67 提示数据保存完毕

Step 12 检查数据恢复情况，然后打开恢复数据的目录查看，结果如图 8-68 所示。

图 8-68 恢复数据的文件目录

8.3 上机与练习

（1）设置 BIOS 并通过 U 盘启动 Ghost。

（2）练习使用软件 EasyRecovery 对硬盘数据进行恢复。

第**9**章

组建网络与网络应用

📖 学习目标

学习计算机网络的相关知识，同时学习组建局域网以及网络的日常应用。通过本章的学习，理解计算机网络的分类、网络的分层，以及 TCP/IP 协议、IP 地址、域名系统等；同时能够制作网线、组建局域网、建立局域网内数据的上传下载服务以及共享打印机等。

📖 学习重点

计算机网络的分层结构；制作网线的过程，以及 EIA/TIA568A 和 EIA/TIA568B 两种网线标准的排线顺序；组建局域网的全过程；局域网内的文件上传下载。

📖 主要内容

◆ 计算机网络介绍

◆ 组建局域网

◆ 常见的网络应用

9.1 计算机网络简介

所谓网络就是用物理链路将各个孤立的工作站或计算机主机相连在一起，组成数据链路，从而达到资源共享和通信的目的。网络目前已经成为了人们交流的一个重要媒介。这一节首先了解有关网络的相关知识。

9.1.1 计算机网络的分类

网络类型的划分标准有多种，以地理范围进行划分是目前所公认的通用网络划分标准，这种标准可以将各种网络类型划分为局域网、城域网、广域网和互联网 4 种。在一个较小区域内的网络称为局域网；不同地区的网络互联则称为城域网；所覆盖的范围比城域网更广的网络称为广域网；而互联网则是广域网、局域网及单机按照一定的通信协议组成的国际计算机网络。下面简要介绍这几种计算机网络。

1. 局域网

局域网（LAN），就是在局部地区范围内的网络，它所覆盖的地区范围较小，同时在计算机数量配置上没有限制，少则可以只有两台，多则可达几百台。

随着整个计算机网络技术的发展和提高，网络技术得到了充分的应用和普及，几乎每个单位都有自己的局域网，甚至有的家庭都有自己的小型局域网。一般来说，在企业局域网中，工作站的数量在几十到几百台左右，网络所涉及的地理距离可以是几米至10km之间。局域网一般位于一个建筑物或一个单位内，不存在寻径问题，不包括网络层的应用。

局域网的特点是：连接范围窄、用户数少、配置容易、连接速率高。目前局域网最快的速率要算现今的 10GB 以太网了。IEEE 的 802 标准委员会定义了多种主要的局域网：以太网（Ethernet）、令牌环网（Token Ring）、光纤分布式

数据接口（FDDI）网络、异步传输模式网（ATM）以及最新的无线局域网（WLAN）。

无线局域网是目前最新也是最为热门的一种局域网。无线局域网与传统的局域网的不同之处在于传输介质不同，传统局域网都是通过有形的传输介质进行连接的，如同轴电缆、双绞线和光纤等，而无线局域网则采用空气作为传输介质。正因为它摆脱了有形传输介质的束缚，所以这种局域网的最大特点就是自由，只要在网络的覆盖范围内，可以在任何一个地方与服务器及其他工作站连接，而不需要重新铺设电缆。这一特点非常适合移动办公一族，在机场、宾馆、酒店等，只要无线网络能够覆盖到，设备都可以随时随地连接上无线网络。

2. 城域网

城域网（MAN），是指在一个城市但不在同一地理小区范围内的计算机互联。这种网络的连接距离可以在 10～100km，所采用的是 IEEE 802.6 标准。与 LAN 相比，MAN 扩展的距离更长，连接的计算机数量更多，在地理范围上可以说是 LAN 网络的延伸。在一个大型城市或都市地区，一个 MAN 网络通常连接着多个 LAN。如连接政府机构的 LAN、医院的 LAN、电信的 LAN、公司企业的 LAN 等。由于光纤连接的引入，使 MAN 中高速的 LAN 互连成为可能。

城域网多采用 ATM 技术来搭建骨干网。ATM 是一个用于数据、语音、视频以及多媒体应用程序的高速网络传输方法。ATM 包括一个接口和一个协议，该协议能够在一个常规的传输信道上，在比特率不变及变化的通信量之间进行切换。ATM 也包括硬件、软件以及与 ATM 协议标准一致的介质。ATM 提供一个可伸缩的主干基础设施，以便能够适应不同规模、速度以及寻址技术的网络。ATM 的最大缺点就是成本太高，所以一般应用于政府城域网中，如邮政、银行、医院等。

3. 广域网

广域网（WAN）、远程网，其覆盖的范围比城域网（MAN）更广，一般用于不同城市之间的局域网或者城域网之间的网络互联，地理范围可从

几百公里到几千公里。因为距离较远，信息衰减比较严重，所以这种网络一般要租用专线，通过IMP（接口信息处理）协议和线路连接起来，构成网状结构，解决循径问题。广域网因为所连接的用户多，总出口带宽有限，所以用户的终端连接速率一般较低，通常为 9.6kbit/s～45Mbit/s。

4. 互联网

互联网即广域网、局域网及单机按照一定的通信协议组成的国际计算机网络，是指将两台计算机或者是两台以上的计算机终端、客户端、服务端通过计算机信息技术的手段互相联系起来的网络，人们可以与远在千里之外的朋友相互发送邮件、共同完成一项工作、共同娱乐等。

以上是网络的 4 种分类，在这 4 种网络类型中，由于局域网可大可小，无论是企业、政府部门还是个人，实现起来都比较容易，应用也更广泛，因此与用户的联系也最为密切。

9.1.2 网络分层

所谓网络分层就是将网络节点所要完成的数据的发送或转发、打包或拆包，控制信息的加载或拆出等工作，分别由不同的硬件和软件模块去完成，这样可以将往来通信和网络互连这一复杂的问题变得较为简单。

网络层次可划分为 5 层因特网协议和 7 层因特网协议，下面我们主要讲解 7 层因特网协议。

ISO 提出的 OSI 模型将网络分为 7 层，从下至上依次是物理层、数据链路层、网络层、传输层、会话层、表示层和应用层，如图 9-1 所示。

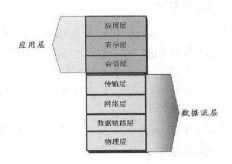

图 9-1 网络分层示意图

下面对这 7 层网络分层进行简单介绍。

- 物理层：物理层（Physical layer）是参考模型的最低层。该层是网络通信的数据传输介质，由连接不同节点的电缆与设备共同构成。其主要功能是利用传输介质为数据链路层提供物理连接，负责处理数据传输并监控数据出错率，以便数据流的透明传输。

- 数据链路层：数据链路层（Data link layer）是参考模型的第 2 层，主要功能是在物理层提供的服务的基础上，在通信的实体间建立数据链路连接，传输以"帧"为单位的数据包，并采用差错控制与流量控制方法，使有差错的物理线路变成无差错的数据链路。

- 网络层：网络层（Network layer）是参考模型的第 3 层，主要功能是为数据在节点之间传输创建逻辑链路，通过路由选择算法为分组通过通信子网选择最适当的路径，以及实现拥塞控制、网络互联等功能。

- 传输层：传输层（Transport layer）是参考模型的第 4 层，主要功能是向用户提供可靠的端到端（End-to-End）服务，处理数据包错误、数据包次序，以及其他一些关键传输问题。传输层向高层屏蔽了下层数据通信的细节，因此，它是计算机通信体系结构中关键的一层。

- 会话层：会话层（Session layer）是参考模型的第 5 层，主要功能是负责维护两个节点之间的传输链接，以便确保点到点传输不中断，以及管理数据交换等功能。

- 表示层：表示层（Presentation layer）是参考模型的第 6 层，主要功能是用于处理在两个通信系统中交换信息的表示方式，主要包括数据格式变换、数据加密与解密、数据压缩与恢复等。

- 应用层：应用层（Application layer）是参考模型的最高层，主要功能是为应用软件提供了很多服务，例如文件服务器、数据库服务、电子邮件以及其他网络软件服务。

9.1.3　计算机网络的相关概念

本小节继续了解计算机网络的概念，具体内容包括：TCP/IP 协议、IP 地址、域名系统。下面分别进行讲解。

1. TCP/IP 协议

TCP/IP 协议（Transmission Control Protocol/Internet Protocol）全名为传输控制协议/互联网协议，又名网络通信协议，是 Internet 最基本的协议、Internet 国际互联网络的基础，由网络层的 IP 协议和传输层的 TCP 协议组成。TCP/IP 定义了电子设备如何连入因特网，以及数据如何在它们之间传输。TCP/IP 协议采用了 4 层的层级结构，每一层都呼叫它的下一层所提供的网络来完成自己的需求。通俗而言，TCP 负责发现传输的问题，一有问题就发出信号，要求重新传输，直到所有数据安全正确地传输到目的地；而 IP 是给因特网的每一台电脑规定一个地址。

2. IP 地址

IP 是英文 Internet Protocol（网络之间互连的协议）的缩写，也就是为计算机网络相互连接进行通信而设计的协议。目前的全球因特网所采用的协议族是 TCP/IP 协议族。IP 是 TCP/IP 协议族中网络层的协议，是 TCP/IP 协议族的核心协议。在因特网中，IP 协议是能使连接到网上的所有计算机网络实现相互通信的一套规则，规定了计算机在因特网上进行通信时应当遵守的规则。任何厂家生产的计算机系统，只要遵守 IP 协议就可以与因特网互连互通。IP 地址具有唯一性。

目前 IP 协议的版本号是 4，简称为 IPv4，发展至今已经使用了 30 多年。IPv4 的地址位数为 32 位，也就是最多有 2 的 32 次方的电脑可以连接到因特网。近十年来，由于因特网的蓬勃发展，IP 地址的需求量愈来愈大，使得 IP 地址的发放愈趋严格，各项资料显示全球 IPv4 地址可能在 2005 至 2008 年间已经全部发完。

IPv6 是下一版本的网际协议，也可以说是下一代互联网的协议，它的提出最初是因为随着互联网的迅速发展，IPv4 定义的有限地址空间将被耗尽，地址空间的不足必将妨碍互联网的进一步发展。为了扩大地址空间，拟通过 IPv6 重新定义地址空间。IPv6 采用 128 位地址长度，几乎可以不受限制地提供地址。按保守方法估算 IPv6 实际可分配的地址，整个地球的每平方米面积上仍可分配 1000 多个地址。在 IPv6 的设计过程中，除了一劳永逸地解决了地址短缺问题以外，还考虑了在 IPv4 中解决不好的其他问题，主要有端到端 IP 连接、服务质量、安全性、多播、移动性、即插即用等。

IPv6 与 IPv4 相比有很多优点，总结如下。

- 更大的地址空间。IPv4 中规定 IP 地址长度为 32，即有 $2^{32}-1$ 个地址；而 IPv6 中 IP 地址的长度为 128，即有 $2^{128}-1$ 个地址。
- 更小的路由表。IPv6 的地址分配一开始就遵循聚类（Aggregation）的原则，这使得路由器能在路由表中用一条记录（Entry）表示一个子网，大大减小了路由器中路由表的长度，提高了路由器转发数据包的速度。
- 增强的组播支持以及对流的支持。这使得网络上的多媒体应用有了长足发展的机会，为服务质量控制提供了良好的网络平台。
- 加入了对自动配置的支持。这是对动态主机设置协议的改进和扩展，使得网络（尤其是局域网）的管理更加方便和快捷。
- 更高的安全性。在使用 IPv6 的网络中，用户可以对网络层的数据进行加密并对 IP 报文进行校验，这极大地增强了网络安全。

3. 域名系统

域名系统（Domain Name System，DNS）是互联网的一项核心服务，它作为可以将域名和 IP 地址相互映射的一个分布式数据库，让人更方便地去访问网络，而不用去记住能够被机器直接读取的 IP 数串。

Internet 对某些通用性的域名作了规定。例如，com 是工商界域名，edu 是教育界域名，gov 是政府部门域名等等。由于 Internet 最初是在美国发源的，因此最早的域名并无国家标识，国际互联网络信息中心最初设计了 6 类域名，它们分别以不同的后缀结尾，代表不同的类型。

- ◆ .com 代表商业公司、企业。
- ◆ .org 代表组织、协会等。
- ◆ .net 代表网络服务。
- ◆ .edu 代表教育机构。
- ◆ .gov 代表政府部门。
- ◆ .mil 代表军事领域。

除了 edu、gov、mil 一般只在美国使用外，另外 3 个大类 com、org、net 则全世界通用，因此这 3 大类域名通常称为国际域名。

此外，国家和地区的域名常用两个字母表示。例如，fr 表示法国，jp 表示日本，us 表示美国，uk 表示英国，cn 表示中国等。

9.2 组建局域网

局域网的组建比较简单，一个家庭或一个办公室如果有两台或两台以上的计算机，就可以组成一个网络，这就是局域网。在一个家庭局域网中，可用这个网络来共享资源，共用一个调制解调器享用 Internet 连接等；在一个办公室局域网中，这样的网络不仅可以共享计算机外部设备，例如打印机、扫描仪等，同时也是多人协作工作必不可少的基础设施。

下面介绍如何组建局域网。

9.2.1　组网设备

组建局域网需要一些硬件设备，这些硬件设备主要有：带网卡的计算机、集线设备（集线器或交换机）、局域网传输介质等。

1．带网卡的计算机

网卡（NIC）又称为网络接口卡或网络适配器，它安装在计算机中，通过传输介质与集线器或交换机相连，是将计算机接入局域网的必备设备。图 9-2 所示为网卡的外观效果。

此口连接网线

图 9-2　网卡

网卡的主要功能是接收和发送数据，它与主机之间是并行通信，与传输介质之间是串行通信。接收数据时，网卡先将来自传输介质的串行数据转换为并行数据暂存于 RAM 中，再传送给主机，而发送数据时则相反。

常用数据通信模式有单工通信、半双工通信、全双工通信等。

- ◆ 单工通信：指使用同一根传输线，数据传输是单向的。通信双方中，一方固定为发送端，一方则固定为接收端，信息只能沿一个方向传输。
- ◆ 半双工通信：指使用同一根传输线，既可以发送数据又可以接收数据，但不能同时进行发送和接收。
- ◆ 全双工通信：指使用同一根传输线，允许数据在两个方向上同时传输，它在传输能力上相当于两个单工通信方式的结合。

网卡在接收和发送数据时，可以用半双工或全双工的方式完成。目前的网卡绝大多是全双工通信。

2．网络连接设备

网络连接设备是把网络中的通信线路连接起来的各种设备的总称，这些设备包括：中继器、集线器、交换机和路由器等。

- ◆ 中继器：是一种放大模拟信号或数字信号的网络连接设备，通常具有两个端口，它接收传输介质中的信号，将其复制、调整和放大后再发送出去，从而使信号能传输得更远，延长信号传输的距离。中继器不具备检查和纠正错误信号的功能，它只能转发信号。图 9-3 所示为中继器的外观效果。

图 9-3　中继器

◆ 集线器：是构成局域网的最常用的连接设备之一。集线器是局域网的中央设备，它的每一个端口可以连接一台计算机。局域网中的计算机通过它来交换信息。常用的集线器可通过两端装有 RJ-45 连接器的双绞线与网络中计算机上的网卡相连，每个时刻只有两台计算机可以通信。利用集线器连接的局域网叫共享式局域网。集线器实际上是一个拥有多个网络接口的中继器，不具备信号的定向传送能力。图 9-4 所示为集线器的外观效果。

图 9-4　集线器

◆ 交换机：在网络中用于完成与它相连的线路之间的数据单元的交换，是一种基于网卡的硬件地址识别来完成封装、转发数据包功能的网络设备。在局域网中可以用交换机来代替集线器，其数据交换速度比集线器快得多。这是由于集线器不知道目标地址在何处，只能将数据发送到所有的端口。而交换机中会有一张地址表，通过查

找表中的目标地址，把数据直接发送到指定端口。图 9-5 所示为交换机的外观效果。

图 9-5　交换机

◆ 路由器：是一种连接多个网络或网段的网络设备，它能将不同网络或网段之间的数据信息进行"翻译"，以使它们能够相互读懂对方的数据，实现不同网络或网段间的互联互通，从而构成一个更大的网络。目前，路由器已成为各种骨干网络内部之间、骨干网之间、一级骨干网和因特网之间连接的枢纽。校园网一般就是通过路由器连接到因特网上的。

在组建局域网时，可以使用的网络设备有集线器、交换机。交换机相对来说插口多一点，集线器插口少一点。同时交换机能把数据发送到指定端口，传输速度比集线器快点。因此组建局域网时，计算机数量少时使用集线器，数量多时使用交换器。

3. 传输介质

组建局域网时，一般使用双绞线作为传输介质，同时双绞线的两头分别接上 RJ45 接口。

◆ 双绞线：由一对相互绝缘的金属导线绞合而成。采用这种方式，不仅可以抵御一部分来自外界的电磁波干扰，而且可以降低自身信号的对外干扰。把两根绝缘的铜导线按一定密度互相绞在一起，一根导线在传输中辐射的电波会被另一根线上发出的电波抵消。标准双绞线做法有两种：EIA/TIA568A 和 EIA/TIA568B。两种双绞线的 8 根线排列顺序如图 9-6 所示。

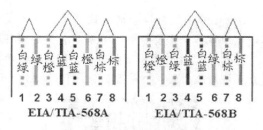

图 9-6　两种双绞线的 8 根线排列顺序

◆ RJ45 接口：通常用于数据传输，最常见的应用为网卡接口，使用 RJ45 接口可以把传输介质和网卡（网络连接设备）连接在一起。RJ-45 连接器包括一个插头和一个插孔（或插座）。插孔安装在机器上，而插头和双绞线相连。EIA/TIA 制定的布线标准规定了 8 根针脚的编号。将插头的末端面对眼睛，而且针脚的接触点在插头的下方，那么最左边是①，最右边是⑧，如图 9-7 所示。

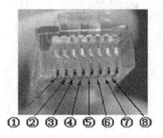

图 9-7　RJ45 接口

RJ45 接口的针脚中，有 4 个针脚是没有什么实际作用的，具体意义如表 9-1 所示。

表 9-1　RJ45 接口的针脚意义

针脚号	说明	功能
①	TX+	发送+
②	TX-	发送-
③	RX+	接收+
④	未使用	
⑤	未使用	
⑥	RX-	接收-
⑦	未使用	
⑧	未使用	

组建局域网时，制作的网线一般有两种类型，分别有不同的用途。

◆ 直通线：双绞线的两头的 4 对线采用相同排列顺序（使用 EIA/TIA568A 或 EIA/TIA568B）。直通线应用最广泛，用于不同设备之间的互连，比如路由器和交换机、计算机和交换机等。

◆ 交叉线：双绞线的两头的 4 对线采用不同排列顺序（一端使用 EIA/TIA568A，另一端使用 EIA/TIA568B）。用于两台计算机之间直接连接组成局域网。

9.2.2　制作网线

局域网的网线制作过程中，需要压线钳、RJ-45 插头、5 类线、测线仪等设备，如图 9-8 所示。

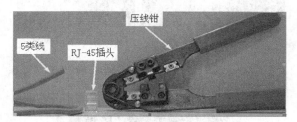

图 9-8　制作网线需要设备

下面讲解制作网线的详细过程，由于我们是将两台计算机组建局域网，因此需要制作两根网线，具体制作过程如下。

Step 1　首先将网线的一端插入到压线钳的剥线刀口处，如图 9-9 所示。

图 9-9　把网线放入压线钳的剥线刀口处

Step 2　用手握紧压线钳然后旋转一周，将网线的外绝缘皮切开，如图 9-10 所示。

图 9-10　旋转网线

Step 3　从压线钳中取出网线，然后用手剥去网线外边的绝缘皮，如图 9-11 所示。

Step 4　按照 EIA/TIA568B 标准线顺序排列网线的顺序，如图 9-12 所示。

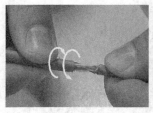 

图 9-11　除掉表皮　　　图 9-12　展开网线

Step 5　然后用手把网线按照顺序排列紧密，如图 9-13 所示。

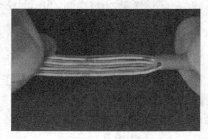

图 9-13　排列网线

Step 6　把排列好顺序的网线再次放到压线钳的剪线刀口处，紧握压线钳将其剪断，注意要将线头剪切整齐，如图 9-14 所示。

图 9-14　剪断网线

Step 7　然后检查网线线头是否整齐。注意，网线线头一定要整齐，如果不整齐的话可以重复步骤 6 的操作重新进行剪切。同时还要再次检查确认网线排列顺序是否正确，如图 9-15 所示。

图 9-15　检查网线是否整齐

Step 8　如果网线排列顺序正确，且网线线头剪切整齐，就可以将网线插入到水晶头中，如图 9-16 所示，插网线的时候注意要将网线和水晶头完全接触。

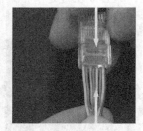

图 9-16　网线插入到水晶头

Step 9　最后将水晶头插入到压线钳的压头槽中，如图 9-17 所示。

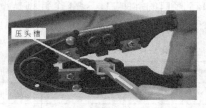

图 9-17　水晶头插入到压线钳

Step 10　双手用力按压压线钳的把手，使水晶头紧紧卡住网线，并使其紧密结合，如图 9-18 所示。

Step 11　依照相同的方法，将网线的另一端进行剪切，并对网线进行排序，最后与水晶头连接，制作完成一根网线。

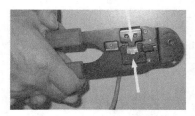

图 9-18　按压压线钳

Step 12　继续使用上述相同的方法制作另一根网线，以备组网使用。

Step 13　分别将制作好的两根网线的两个水晶头插入到测线仪中进行检测，如图 9-19 所示。测试的时候注意测试仪两边的信号灯同时亮起代表网线已经做好，否则说明网线没有做好，需要重新做。

图 9-19　测试网线

以上是制作网线的具体过程，在制作网线时，网线的数量是由组建局域网的计算机数量决定的，网线的长度可以根据计算机之间的距离以及计算机与交换机之间的距离来确定。当网线制作完成后，就可以开始组建网络了。

9.2.3　组建局域网

组建局域网就是把组成局域网的各种设备连接起来组成网络的过程。在此我们以 D-Link 交换机为例，讲解将 2 台计算机组建成局域网的过程。

D-Link 交换机外观如图 9-20 所示。

图 9-20　D-Link 交换机

Step 1　首先将做好的网线的一端插入计算机机箱后面的网卡插口中，如图 9-21 所示。

图 9-21　计算机连接网线

Step 2　然后将网线的另一端插入到交换机的插口中，如图 9-22 所示。

图 9-22　网线连接到交换机

Step 3　继续将另一根网线的一端插入另一台计算机后面的网卡插口，将网线的另一端也连接到交换机中，如图 9-23 所示。

图 9-23　连接另一根网线

Step 4　最后为交换机连接上电源，如图 9-24 所示。这样就为两台计算机组建了一个局域网。

图 9-24　为交换机连接电源

以上是最常见的将两台计算机组建成局域网的方法。除了该方法外，在组建家庭局域网时，可以不使用交换机，而是直接使用一根网线来组建局域网，也就是有一台计算机联网，通过一根网线将其与另一台计算机连接，使这台计算机也可以联网，但这种方式只能组建内网，而不能连接外网。需要注意的是，使用这种方式组建内网时，网线接头的排列顺序与使用交换机组建局域网时的网线接头的排列顺序不同。由于这种组建局域网的方式不常使用，在此不再赘述。

9.2.4 设置局域网 IP 与调试网络

当局域网组建完成后，需要设置局域网计算机的 IP，同时还需要对网络进行调试。具体操作如下。

Step 1 首先右击桌面上的【网上邻居】图标，在弹出的右键菜单中选择【属性】选项，如图 9-25 所示。

图 9-25 右击【网上邻居】图标并选择【属性】选项

Step 2 打开【网络连接】对话框，在该对话框中右击【本地连接】选项，在弹出的右键菜单中选择【属性】选项，如图 9-26 所示。

图 9-26 右击【本地连接】图标并选择【属性】选项

Step 3 进入【Internet 协议属性】对话框，选择【使用下面的 IP 地址】选项，然后设置局域网内计算机的 IP 地址为 "192.168.18.119"，如图

9-27 所示。

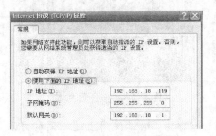

图 9-27 设置 IP 地址

Step 4 使用相同的方法设置另外一台计算机的 IP 地址为 192.168.18.120。

设置好两台计算机的 IP 地址后，可以观察操作系统任务栏右侧的本地连接小图标，如果出现时，说明网络没有连接好，需要重新插拔网线或者检查网线是否制作正确。

当网络连接正确后，可以在 IP 地址为 192.168.18.119 的计算机上测试另外一台计算机是否连接到局域网中，具体操作如下。

Step 1 单击 IP 地址为 192.168.18.119 的计算机左下角的【开始】按钮，在弹出的菜单中选择【运行】命令对话框，然后在该对话框输入 "cmd" 命令，如图 9-28 所示。

图 9-28 输入 "cmd" 命令

Step 2 单击 确定 按钮打开命令提示符窗口，输入 "ping 192.168.18.120" 命令，如图 9-29 所示。

图 9-29 输入 ping 命令

Step 3 按键盘上的 Enter 键，出现如图 9-30 所示的运行结果，说明已经连接上。

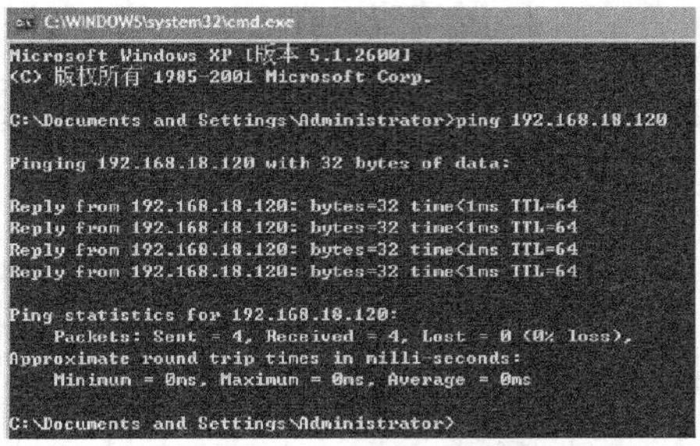

图 9-30　网络正常

Step 4　如果出现如图 9-31 所示的运行结果，则表明组建的局域网网络不通，这时需要检查各个环节并找出问题所在。

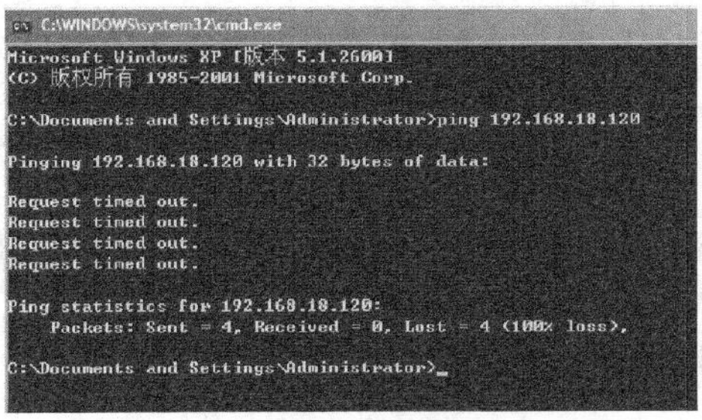

图 9-31　网络不通

9.3 常见网络应用知识

这一节继续讲解常见的网络应用的基本操作。

9.3.1　局域网 FTP 文件上传下载

FTP 是 TCP/IP 网络上两台计算机传送文件的协议，是在 TCP/IP 网络和 Internet 上最早使用的协议之一，它属于网络协议组的应用层。FTP 客户端通过给服务器发出命令来下载或者上传文件、创建或改变服务器上的目录，因此能在不同类型的计算机、不同类型的操作系统上，对不同类型的文件进行相互传递。

目前 FTP 服务器端的软件种类繁多，且各有优势，但 Serv-U 凭借其独特的功能得以展露头脚。通过使用 Serv-U，用户能够将任何一台计算机设置成一个 FTP 服务器，这样，用户或其他使用者就能够使用 FTP 协议，将同一网络上的任何一台计算机与 FTP 服务器连接，进行文件或目录的复制、移动、创建和删除等。本小节着重介绍 Serv-U 的使用方法。

首先安装 Serv-U 软件，然后运行该软件程序进入其主界面，如图 9-32 所示。

图 9-32　Serv-U 主界面

具体来说，Serv-U 能够提供以下功能。

◆ 符合 Windows 标准的用户界面，友好亲切，易于掌握。

◆ 支持实时地多用户连接，支持匿名用户访问。

◆ 通过限制同一时间最大的用户访问人数，确保计算机的正常运转。

◆ 安全性能出众。在目录和文件层次都可以设置安全防范措施。

◆ 能够为不同用户提供不同设置，支持分组管理数量众多的用户。

◆ 可以基于 IP 对用户授予或拒绝访问权限。

◆ 支持文件上传和下载过程中的断点续传。

◆ 支持拥有多个 IP 地址的多宿主站点。

◆ 能够设置上传和下载的比率、硬盘空间配额、网络使用带宽等，从而能够保证用户有限的资源不被大量的 FTP 访问用户所消耗。

◆ 可作为系统服务后台运行。

下面介绍 Serv-U 的使用方法。

1. 添加新建域

Step 1 在 Serv-U 安装目录中找到如图 9-33 所示的图标并双击，启动 Serv-U 软件。

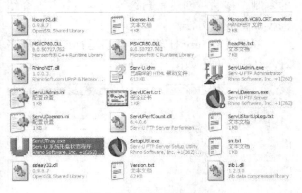

图 9-33 双击程序图标

Step 2 在 Serv-U 主界面上右击 域 选项，在弹出的菜单中选择【新建域】命令，如图 9-34 所示。

图 9-34 新建域

Step 3 在打开的【添加新建域-第一步】对话框中输入新建域的 IP 地址，这里输入本机的 IP 地址：192.168.18.119，如图 9-35 所示。

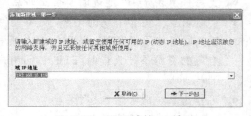

图 9-35 设置域的 IP 地址

Step 4 单击 下一步(N) 按钮，在打开的【添加新建域-第二步】对话框中为新建的域起名，在此为域起名为 "aaa"，如图 9-36 所示。

图 9-36 给域起名

Step 5 单击 下一步(N) 按钮，在打开的【添加新建域-第三步】对话框中设置新建域的端口号，因为 FTP 服务器的默认端口为 21，输入 "21" 即可，如图 9-37 所示。

图 9-37 设置域的端口号

Step 6 单击 下一步(N) 按钮，在打开的【添加新建域-第四步】对话框中设置该域被存储的位置，在此选择默认即可，如图 9-38 所示。

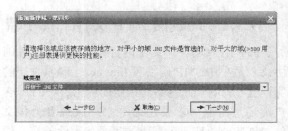

图 9-38 设置域的存储位置

Step 7 单击 下一步(N) 按钮返回 Serv-U 主界面，可以看到创建好的名为 aaa 的域，如图 9-39 所示。

Step 8 单击【应用】按钮关闭该对话框。

图 9-39　创建好的域

2. 添加新用户

为域添加新用户的时候可以添加匿名登录的
用户和需要用户名账号登录的用户。需要用户名
账号登录的用户中，不但需要设置用户名，而且
要设置用户的密码，同时用户上传或者下载的时
候需要输入用户名和密码，保障信息资源的安全
性。而匿名登录时的用户名为 anonymous，用户
输入服务器地址即可直接下载或者上传文件，无
需登录。下面介绍如何为域添加匿名用户。

Step 1　在 Serv-U 主界面中，右击域下面
的 用户 节点，在弹出的菜单中选择【新建用
户】选项来建立新的用户，如图 9-40 所示。

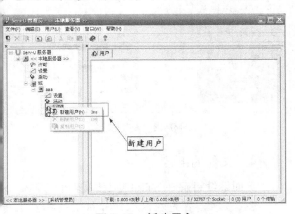

图 9-40　新建用户

Step 2　执行【新建用户】选项后，在打开
的【添加新建用户-第一步】对话框中的【用户名
称】输入框中输入 "anonymous" 作为匿名登录的

用户名,如图 9-41 所示。

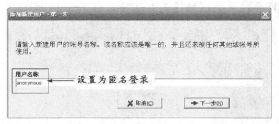

图 9-41　设置新建用户名

Step 3　单击 下一步 按钮，注意，由于这
里设置的是匿名登录，因此就没有设置用户登录
密码的步骤了，直接进入添加用户的第三步，如
果设置的用户名不是匿名登录的话，则会进入添
加用户的第二步，需要设置用户密码。

Step 4　进入【添加新建用户-第三步】对话
框，单击【主目录】输入框后面的 按钮，打开
【浏览文件夹】对话框,设置 FTP 服务器的主目录，
这里设置为 G 盘下面 ftp 文件夹，如图 9-42 所示。

图 9-42　选择主目录

Step 5　单击 确定 按钮，返回到【添加
新建用户-第三步】对话框，可以看到已经设置了
FTP 服务器的主目录，如图 9-43 所示。

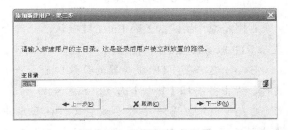

图 9-43　设置好的主目录

Step 6　单击 下一步 按钮，进入【添加新

建用户-第四步】对话框，设置是否锁定用户的主目录，这里选择【是】选项，如图 9-44 所示。

图 9-44　锁定用户的主目录

Step 7　单击 <u>→完成(F)</u> 按钮，完成新用户的添加。

3. 访问 FTP 并下载文件

下面继续讲解 FTP 的访问以及 FTP 文件的下载。

Step 1　在桌面上双击 按钮打开【我的电脑】，然后在地址栏中输入 FTP 服务器的地址，这里输入 "ftp://192.168.18.119"，如图 9-45 所示。

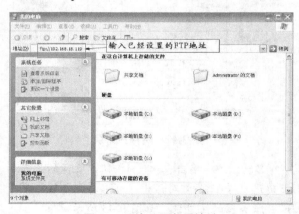

图 9-45　输入服务器地址

Step 2　按键盘上的 Enter 键确认，此时会显示 FTP 服务器上的所有文件，如图 9-46 所示。

Step 3　在 FTP 服务器的目录中选择一个文件，右击并选择【复制】选项，如图 9-47 所示。

Step 4　在另一个需要放置文件的目录中右击并选择【粘贴】选项，即可把文件下载到该目录，如图 9-48 所示。

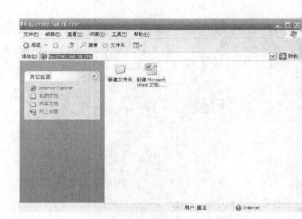

图 9-46　服务器上的文件数据

图 9-47　复制文件

图 9-48　粘贴文件

4. 文件的上传

下面继续讲解在 FTP 中上传文件的方法。

Step 1　首先在本地计算机上选择要上传的文件，右击并选择【复制】选项，如图 9-49 所示。

Step 2　依照前面的方法打开 FTP 服务器，然后右击并选择【粘贴】选项，如图 9-50 所示。

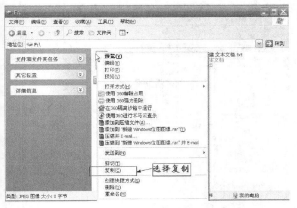

图 9-49　复制文件

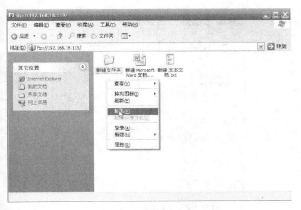

图 9-50　粘贴文件

Step 3　这时会出现一个【FTP 文件夹错误】的警告框，提示没有权限将文件放到服务器上，如图 9-51 所示。

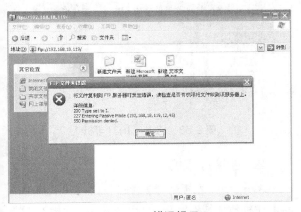

图 9-51　错误提示

Step 4　打开 Serv-U 主界面，找到 anonymous 用户，选择 目录访问 选项卡，如图 9-52 所示。

图 9-52　选择目录访问选项卡

Step 5　在右侧的选项组中勾选【写入】选项，如图 9-53 所示。

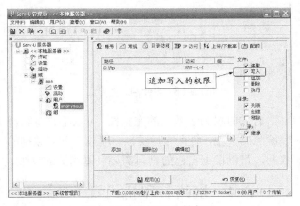

图 9-53　追加写入的权限

Step 6　单击 应用(A) 按钮，之后再往 FTP 服务器中上传资料时，就不会出现错误提示，如图 9-54 所示。

5．设置其他权限

一般情况下，不要赋予客户端执行权限，如图 9-55 所示。

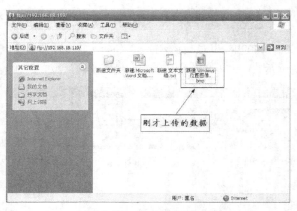

图 9-54　上传数据成功

图 9-56　选择打印机

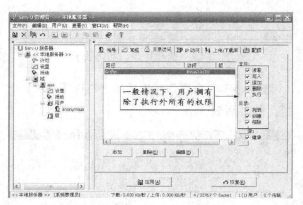

图 9-55　Serv-U 主界面

图 9-57　设置打印机为共享

有的时候为了数据的完整性，可以不赋予客户端删除的权限，而有的时候客户端只有读取数据的权利，可以根据自己的具体需要设置相关的权限。

9.3.2　网络打印机设置

当局域网中只有一台计算机连接打印机时，可以设置共享这台打印机，使局域网内的所有计算机都能连接到这台打印机。下面讲解在局域网中如何设置打印机的共享。

1．共享打印机

Step 1　在连接打印机的计算机中，选择打印机并右击选择【共享】选项，如图 9-56 所示。

Step 2　在打开的打印机属性对话框中选择【共享】选项卡，并选择【共享这台打印机】选项，如图 9-57 所示。

Step 3　单击 应用 按钮，然后单击 确定 按钮关闭该对话框，这样就设置好了打印机的共享，如图 9-58 所示。

图 9-58　已共享的打印机

2．连接打印机

Step 1　在【运行】对话框输入局域网中连接打印机的计算机的 IP 地址，并在其前面输入"\\"，例如在此输入 "\\192.168.18.119"，如图 9-59 所示。

图 9-59　输入目标 IP 地址

Step 2　单击 确定 按钮,此时会出现共享的打印机,选择打印机并右击,选择【连接】选项,如图 9-60 所示。

图 9-60　设置打印机属性

Step 3　此时会弹出一个警告对话框,提示是否继续连接,如图 9-61 所示。

图 9-61　继续连接打印机

Step 4　单击 是 按钮,弹出【添加打印机向导】对话框,如图 9-62 所示。

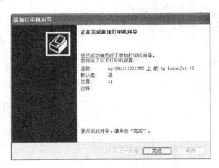

图 9-62　完成向导设置

Step 5　单击 完成 按钮确认并关闭该对话框,此时会发现本机中会有 2 个打印机,如图 9-63 所示。

Step 6　选择第一个打印机并右击,选择【设为默认打印机】选项,如图 9-64 所示。

图 9-63　本机的所有打印机

图 9-64　设置为默认打印机

Step 7 通过以上的设置后，局域网内的计算机就可以使用共享的打印机进行打印了。

▌9.4▌上机与练习

1. 单项选择题

（1）（ 　　）又称 MAN，这种网络一般来说是在一个城市但不在同一地理小区范围内的计算机互联。

    A．城域网   B．局域网
    C．互联网   D．广域网

（2）（ 　　）又称 WAN，这种网络也称为远程网，所覆盖的范围比城域网（MAN）更广，它一般是在不同城市之间的局域网或者城域网之间的网络互联，地理范围可从几百公里到几千公里。

    A．城域网   B．局域网
    C．互联网   D．广域网

（3）（ 　　）即广域网、局域网及单机按照一定的通信协议组成的国际计算机网络。

    A．城域网   B．局域网
    C．互联网   D．广域网

（4）（ 　　）是参考模型的第 3 层。主要功能是：为数据在节点之间传输创建逻辑链路，通过路由选择算法为分组通过通信子网选择最适当的路径，以及实现拥塞控制、网络互联等功能。

    A．网络层   B．应用层
    C．数据链路层   D．物理层

（5）（ 　　）是参考模型的最高层。主要功能是：为应用软件提供了很多服务，例如文件服务器、数据库服务、电子邮件以及其他网络软件服务。

    A．网络层   B．应用层
    C．数据链路层   D．物理层

（6）IPv4 的地址位数为（ 　　）位。

    A．64   B．128
    C．32   D．256

（7）（ 　　）全名为传输控制协议/因特网互联协议，又名网络通讯协议，是 Internet 最基本的协议、Internet 国际互联网络的基础。

    A．TCP/IP 协议   B．IP 协议
    C．DNS 协议   D．TCP 协议

（8）（ 　　）在网络中用于完成与它相连的线路之间的数据单元的交换，是一种基于网卡的硬件地址识别来完成封装、转发数据包功能的网络设备。

    A．路由器   B．交换机
    C．集线器   D．中继器

2. 动手实践题

（1）动手制作一根双绞线网线。

（2）设置打印机共享。

（3）使用 Serv-U 设置局域网的文件上传下载。

第10章

计算机日常维护

📖 学习目标

学习计算机日常维护的相关知识。通过本章的学习掌握如何对计算机进行日常维护。本章的主要内容有软件的强力卸载、磁盘清理、病毒防护、硬盘数据保护等。

📖 学习重点

软件的强力卸载方法；使用软件进行磁盘清理；使用杀毒软件进行快速杀毒、全盘杀毒以及对 U 盘进行杀毒；设置杀毒软件的手动升级和自动升级；练习使用 DeepFreeze 对磁盘数据进行保护。

📖 主要内容

◆　软件的强力卸载
◆　磁盘清理
◆　病毒防护
◆　硬盘数据保护

▌10.1▐ 计算机软件的 强力卸载

在计算机的应用过程中，总免不了要对一些软件进行卸载，一般情况下都是通过计算机操作系统自带的【添加或删除】程序对软件进行卸载，但使用这种方式卸载软件，往往卸载得不是很完全，比如安装目录、注册表信息等可能没有被完全卸载，这时该怎么办呢？

本节以卸载迅雷软件为例，介绍使用 360 安全卫士对软件进行强力卸载的方法。使用这种方法，不但可以卸载软件，而且能够清空软件的安装目录以及相关的注册表信息，具体操作过程如下。

Step 1 首先确保计算机安装了 360 安全卫士，如果没有安装，可以下载并安装该程序，其操作比较简单，在此不再赘述。

Step 2 安装 360 安全卫士后，双击桌面上的图标启动该程序，进入主界面，如图 10-1 所示。

图 10-1　主界面

Step 3 单击主界面上的【软件管家】按钮进入软件管家的主界面，如图 10-2 所示。

图 10-2　软件管家的主界面

Step 4　单击【软件卸载】 按钮，进入软件卸载主界面，找到要卸载的迅雷软件"迅雷 7"，单击 按钮，如图 10-3 所示。

图 10-3　选择卸载的软件

Step 5　在卸载迅雷软件的主界面中单击 按钮，如图 10-4 所示。

图 10-4　卸载迅雷 7

Step 6　此时出现一个询问对话框，询问是否完全删除迅雷 7 以及它的所有组件，如图 10-5 所示。

图 10-5　确认删除所有组件

Step 7　单击 按钮，系统开始卸载该软件，如图 10-6 所示，这个过程的持续时间长短与软件的大小有关。

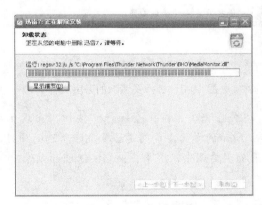

图 10-6　正在卸载软件

Step 8　软件卸载完成后返回软件卸载的界面，单击 强力清扫 按钮，如图 10-7 所示。

Step 9　在强力清扫界面，勾选要清除的全部残留文件，如图 10-8 所示。

图 10-7　选择强力清扫

图 10-8　选择要清除的残留文件

Step 10　单击 删除所选项目 按钮，出现如图 10-9 所示的界面，询问是否要删除所选的项目，如果确实要删除，则单击 确定 按钮进行删除。

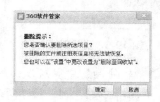

图 10-9　确认删除

Step 11　强力清扫结束后，会发现原来的残留文件已被完全删除，如图 10-10 所示，单击

退出 按钮，退出程序，完成对软件的卸载。

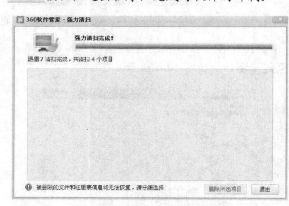

图 10-10　强力清扫完成

10.2 计算机磁盘的管理

在使用计算机的过程中，磁盘管理显得尤为重要。通过对磁盘的有效管理，可以清除计算机在运行过程中所产生的一些垃圾文件，大大增强计算机的运行速度以及增大磁盘空间，使计算机

运行更为流畅、安全。

　　本节继续学习磁盘管理的相关知识，具体包括磁盘清理和使用软件清理两方面的内容。

10.2.1　磁盘清理

　　Windows 在运行过程中会生成各种垃圾文件，如 BAK、OLD、TMP 文件以及浏览器的 CACHE 文件、TEMP 文件夹等，由于这些垃圾文件广泛分布在磁盘的不同文件夹中，并且它们与其他文件之间的区别又不是十分明显，因此，使用手工清除非常麻烦，这时可以使用 Windows 附带的磁盘清理程序轻松将其清除。

　　磁盘清理程序是一个垃圾文件清除工具，它可以自动找出整个磁盘中的各种无用文件然后将其清除，因此，即使在磁盘有较大剩余空间时，用户也应经常运行磁盘清理程序来删除那些无用文件，这样可以保持系统的简洁，大大提高系统性能。

　　下面以 Windows 7 系统和 Windows XP 系统为例，讲解使用磁盘清理程序清除系统垃圾文件的方法。

1. Windows 7 磁盘清理

　　Step 1　启动 Windows 7 系统，双击桌面上的【计算机】图标，打开【计算机】窗口，此时会显示计算机的各个分区，如图 10-11 所示。

图 10-11　【计算机】窗口

　　Step 2　首先清理 C 盘中的垃圾文件。选择 C 盘并右击，选择菜单中的【属性】选项，会弹出 C 盘分区属性对话框，如图 10-12 所示。

　　Step 3　选择【常规】选项卡，然后单击下面的【磁盘清理(D)】按钮，弹出【磁盘清理】对话框，系统开始扫描分区中需要清理的数据，如图 10-13 所示。整个过程可能持续很长时间，这与分区的使用情况有关。

图 10-13　正在扫描分区

图 10-12　C 盘属性界面对话框

　　Step 4　扫描完毕后，会弹出如图 10-14 所示的对话框，显示哪些文件是多余的，可以删除，用户可以自己选择需要删除的文件。

图 10-14　选择需要删除的文件

Step 5　选择需要删除的文件后，单击 确定 按钮，此时系统会弹出询问对话框，询问是否要永久删除这些文件，如图 10-15 所示。

图 10-15　确认删除

Step 6　如果确实要永久删除这些文件，可以单击 删除文件 按钮，此时系统就会自动清理相关文件，如图 10-16 所示。这个过程可能需要几分钟或者更长时间，这取决于要清理的文件的大小。

图 10-16　正在删除

Step 7　清理完毕后，会返回 C 盘的属性对话框，此时可以看到已用空间减少了，而可用空间增加了，如图 10-17 所示，这表示 C 盘中的垃圾文件已经被永久删除了，单击 确定 按钮退出程序。

2. Windows XP 磁盘清理

下面继续讲解 Windows XP 系统中的磁盘清理方法，具体操作如下。

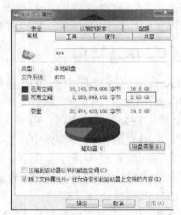

图 10-17　删除完毕

Step 1　启动 Windows XP 系统，然后执行【开始】/【所有程序】/【附件】/【系统工具】/【磁盘清理】命令，如图 10-18 所示。

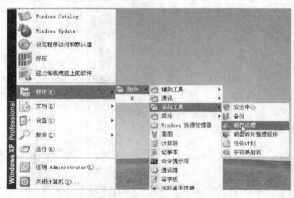

图 10-18　打开磁盘清理程序

Step 2　在弹出的【选择驱动器】对话框中选择需要清理的磁盘驱动器，在此选择 D 盘，如图 10-19 所示。

图 10-19　选择要清理的驱动器

Step 3　单击 确定 按钮，弹出【磁盘清理】对话框，并会自动分析计算磁盘可以释放的

空间，如图 10-20 所示。

图 10-20　扫描分析磁盘

Step 4　扫描分析完后会弹出【(D:)的磁盘清理】对话框，列出需要清理的文件，在此选择所有项，如图 10-21 所示。

图 10-21　选择要删除的文件

Step 5　单击 确定 按钮，此时系统就会自动清理磁盘，如图 10-22 所示。

图 10-22　自动清理磁盘

Step 6　清理完毕后，会返回到 D 盘的属性对话框，然后单击 确定 按钮退出程序。

10.2.2　使用软件清理

上一小节主要讲解了使用系统自带的磁盘清理程序对计算机的磁盘进行清理的方法，本小节继续讲解使用相关软件对计算机的磁盘进行清理。对计算机磁盘进行日常管理的软件很多，并且操作也很简单，在此我们推荐使用 360 安全卫士和优化大师来对磁盘进行清理。

1．使用 360 安全卫士清理垃圾文件

360 安全卫士有个功能是计算机清理，能很好地清除计算机本身的系统垃圾。下面介绍如何使用 360 安全卫士进行计算机磁盘清理。

Step 1　首先确保计算机安装了 360 安全卫士，然后双击桌面上的 图标启动该程序，进入主界面，单击【电脑清理】 按钮，如图 10-23 所示。

图 10-23　单击"电脑清理"按钮

Step 2 进入【电脑清理】界面，然后单击 <u>一键清理</u> 按钮开始清理计算机中的垃圾文件，如图 10-24 所示。

图 10-24　选择一键清理

Step 3 在清理计算机垃圾时，软件首先会扫描，然后自动清理垃圾，如图 10-25 所示。

图 10-25　自动清理垃圾

Step 4 清理结束后会出现如图 10-26 所示的界面，提示清理已完成，同时说明共清理了多少垃圾文件。

图 10-26　清理完成

Step 5　最后关闭 360 安全卫士，完成对计算机垃圾文件的清理工作。

2. 使用 Windows 优化大师清理垃圾文件

Windows 优化大师是一款功能强大的系统工具软件，它提供了全面有效且简便安全的系统检测、系统优化、系统清理、系统维护 4 大功能模块及数个附加的工具软件。在此简单介绍优化大师的系统清理功能，具体如下。

Step 1　首先确保计算机安装了 Windows 优化大师系统，然后启动程序进入其主界面，单击 一键清理 按钮，开始对系统的垃圾文件、历史痕迹以及注册表等进行清理，如图 10-27 所示。

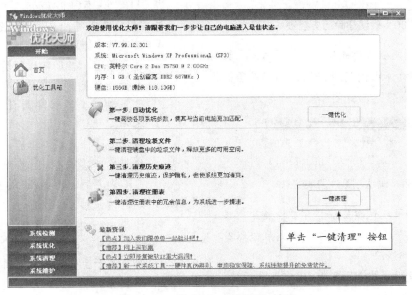

图 10-27　单击"一键清理"按钮

Step 2 此时出现一个提示对话框，如图 10-28 所示，确认关闭了其他正在运行的所有软件后，单击 确定 按钮确认。

图 10-28　提示关闭所有正在运行的软件

Step 3 系统会开始扫描并查找所有系统产生的垃圾文件、历史痕迹以及注册表，扫描完毕后再次弹出如图 10-29 所示的询问对话框。

图 10-29　自动清理垃圾

Step 4 如果确认要删除扫描到的这些垃圾文件，单击 是(Y) 按钮，系统再次弹出询问对话框，询问是否要删除扫描到的历史痕迹，如图 10-30 所示。

图 10-30　确认删除历史痕迹

Step 5 如果确认要删除，单击 确定 按钮，此时系统再次弹出询问对话框，询问是否删除扫描到的注册表信息，如图 10-31 所示。

图 10-31　确认删除注册表信息

Step 6 如果确认要删除，单击 确定 按钮，系统会将扫描到的垃圾文件、历史痕迹以及注册表信息等全部清除。

Step 7 最后退出 Windows 优化大师程序，完成对系统的清理。

10.3 计算机病毒的防护

计算机病毒是指编制者在计算机程序中插入的破坏计算机功能或者破坏计算机相关数据，影响计算机使用并且能够自我复制的一组计算机指令或者程序代码。计算机病毒对计算机的危害之大不言而喻，因此，计算机病毒的防护就显得尤为重要。

计算机病毒的防护主要有两方面，一方面是提高计算机系统的安全性，另一方面是安装杀毒软件。但是过于强调提高系统的安全性，会使系统多数时间用于检查病毒，从而影响计算机的正常使用，因此，安装杀毒软件并定期更新病毒库才是预防病毒的重中之重。

本节主要讲解计算机病毒的特点、种类、杀毒软件的种类以及查杀病毒的方法等相关知识。

10.3.1　了解计算机病毒

本小节首先了解计算机病毒的特点以及病毒的类型。

1. 计算机病毒的特点

计算机病毒的特点主要体现在以下方面。

◆ 繁殖性：计算机病毒可以像生物病毒一样进行繁殖，当正常程序运行的时候，它也进行自身复制。是否具有繁殖、感染的特征是判断某段程序为计算机病毒的首要条件。

◆ 破坏性：计算机中毒后，可能会导致正常的程序无法运行，计算机内的文件被删除或受到不同程度的损坏。通常表现为：增、删、改、移。

◆ 传染性：计算机病毒不但本身具有破坏性，更有害的是具有传染性，一旦病毒被复制或产生变种，其传播速度之快令人难以预防。计算机病毒会通过各种渠道从已被感染的计算机扩散到未被感染的计算机，在某些情况下造成被感染的计算机工作失常甚至瘫痪。与生物病毒不同的是，计算机病毒是一段人为编制的计算机程序代码，这段程序代码一旦进入计算机并得以执行，它就会搜寻其他符合其传染条件的程序或存储介质，确定目标后再将自身代码插入其中，达到自我繁殖的目的。只要一台计算机感染病毒，如不及时处理，那么病毒会在这台计算机上迅速扩散，并可通过各种可能的渠道，如软盘、硬盘、移动硬盘、计算机网络去传染其他的计算机。当在一台机器上发现了病毒时，往往曾在这台计算机上用过的软盘已感染上了病毒，而与这台机器相联网的其他计算机也许也被该病毒感染上了。是否具有传染性是判别一个程序是否为计算机病毒的最重要条件。

◆ 潜伏性：有些病毒像定时炸弹一样，什么时间发作是预先设计好的。比如黑色星期五病毒，不到预定时间一点都觉察不出来，等到条件具备的时候开始发作，对系统进行破坏。一个编制精巧的计算机病毒程序，进入系统之后一般不会马上发作，因此病毒可以静静地躲在磁盘或磁带里呆上几天，甚至几年，一旦时机成熟，得到运行机会，就会四处繁殖、扩散，继续危害。潜伏性的第二种表现是，计算机病毒的内部往往有一种触发机制，不满足触发条件时，它除了传染外不做什么破坏。触发条件一旦得到满足，有的在屏幕上显示信息、图形或特殊标识，有的则执行破坏系统的操作，如格式化磁盘、删除磁盘文件、对数据文件进行加密、封锁键盘以及使系统死锁等。

◆ 隐蔽性：计算机病毒具有很强的隐蔽性，有的可以通过病毒软件检查出来，有的根本就查不出来，有的时隐时现、变化无常，这类病毒处理起来通常很困难。

◆ 可触发性：病毒因某个事件或数值的出现，诱使病毒实施感染或进行攻击的特性称为可触发性。为了隐蔽自己，病毒必须潜伏，少做动作。如果完全不动，一直潜伏的话，病毒既不能感染也不能进行破坏，便失去了杀伤力。病毒既要隐蔽又要维持杀伤力，它必须具有可触发性。病毒的触发机制就是用来控制感染和破坏动作的频率。病毒具有预定的触发条件，这些条件可能是时间、日期、文件类型或某些特定数据等。病毒运行时，触发机制检查预定条件是否满足，如果满足，启动感染或破坏动作；如果不满足，使病毒继续潜伏。

2．计算机病毒的种类

计算机病毒的种类有很多，其实用户只要掌握一些病毒的命名规则，就能通过杀毒软件的报告中出现的病毒名来判断该病毒的一些共有的特性，其一般规则为：病毒前缀、病毒名、病毒后缀。

病毒前缀是指一个病毒的种类，它是用来区别病毒的种族分类的。不同种类的病毒，其前缀也是不同的。比如用户常见的木马病毒的前缀为 Trojan，蠕虫病毒的前缀是 Worm 等。

病毒名是指一个病毒的家族特征，是用来区别和标识病毒家族的，如以前著名的 CIH 病毒的家族名都是统一的"CIH"，振荡波蠕虫病毒的家族名是"Sasser"等。

病毒后缀是指一个病毒的变种特征，是用来区别具体某个家族病毒的某个变种的。一般都采用英文中的 26 个字母来表示，如 Worm.Sasser.B 就是指振荡波蠕虫病毒的变种 B，一般称为"振荡波 B 变种"或者"振荡波变种 B"。如果该病毒变种非常多，可以采用数字与字母混合的方式表示变种。

根据病毒的常见格式，可以把病毒分为以下类别。

◆ 系统病毒的前缀为 Win32、PE、Win95、W32、W95 等。这些病毒的一般共有的特性是可以感染 Windows 操作系统的 *.exe 和 *.dll 文件，并通过这些文件进行传播，如 CIH 病毒。

- 蠕虫病毒的前缀是 Worm。这种病毒的共有特性是通过网络或者系统漏洞进行传播，很大一部分的蠕虫病毒都有向外发送带毒邮件，阻塞网络的特性。比如冲击波（阻塞网络），小邮差（发带毒邮件）等。

- 木马病毒的前缀是 Trojan，黑客病毒的前缀名一般为 Hack。木马病毒的共有特性是通过网络或者系统漏洞进入用户的系统并隐藏，然后向外界泄露用户的信息。而黑客病毒则有一个可视的界面，能对用户的计算机进行远程控制。木马、黑客病毒往往是成对出现的，即木马病毒负责侵入用户的计算机，而黑客病毒则会通过该木马病毒来进行控制。现在这两种类型都越来越趋向于整合了。一般的木马如 QQ 消息尾巴木马 Trojan.QQ3344，还有大家可能遇见比较多的针对网络游戏的木马病毒如 Trojan.LMir.PSW.60。这里补充一点，病毒名中有 PSW 或者什么 PWD 之类的一般都表示这个病毒有盗取密码的功能，如网络枭雄等。

- 脚本病毒的前缀是 Script。脚本病毒的共有特性是使用脚本语言编写，可以通过网页进行传播，如红色代码（Script.Redlof）。脚本病毒还会有如下前缀：VBS、JS（表明是何种脚本编写的），如欢乐时光（ VBS.Happytime ）、十四日（Js.Fortnight.c.s）等。

- 宏病毒是也是脚本病毒的一种，由于它的特殊性，因此在这里单独算成一类。宏病毒的前缀是 Macro，第二前缀是 Word、Word 97、Excel、Excel 97（也许还有别的）中的一个。凡是只感染 Word97 及以前版本 Word 文档的病毒采用 Word97 作为第二前缀，格式是 Macro.Word97；凡是只感染 Word97 以后版本 Word 文档的病毒采用 Word 作为第二前缀，格式是 Macro.Word；凡是只感染 Excel97 及以前版本 Excel 文档的病毒采用 Excel97 作为第二前缀，格式是 Macro.Excel97；凡是只感染 Excel97 以后版本 Excel 文档的病毒采用 Excel 作为第二前缀，格式是 Macro.Excel，以此类推。该类病毒的共有特性是能感染 Office 系列文档，然后通过 Office 通用模板进行传播，如著名的美丽莎（Macro.Melissa）。

- 后门病毒的前缀是 Backdoor。该类病毒的共有特性是通过网络传播，给系统开后门，给用户计算机带来安全隐患。

- 病毒种植程序病毒的共有特性是运行时会释放出一个或几个新的病毒到系统目录下，由释放出来的新病毒产生破坏，如冰河播种者（Dropper. BingHe2.2C）、MSN 射手（Dropper.Worm. Smibag）等。

- 破坏性程序病毒的前缀是 Harm。这类病毒的共有特性是本身具有好看的图标来诱惑用户点击，当用户点击这类病毒时，病毒便会直接对用户计算机产生破坏，如格式化 C 盘等。

- 玩笑病毒的前缀是 Joke，也称恶作剧病毒。这类病毒的共有特性是本身具有好看的图标来诱惑用户点击，当用户点击这类病毒时，病毒会做出各种恶作剧来吓唬用户，其实病毒并没有对用户计算机进行任何破坏，如女鬼（Joke.Girl ghost）病毒。

- 捆绑机病毒的前缀是 Binder。这类病毒的共有特性是病毒作者会使用特定的捆绑程序将病毒与一些应用程序如 QQ、IE 捆绑起来，表面上看是一个正常的文件，当用户运行这些程序时，同时也会隐藏运行捆绑在一起的病毒，从而造成危害，如捆绑 QQ（Binder.QQPass.QQBin）、系统杀手（Binder.killsys）等。

用户可以在查出某个病毒以后通过以上所说的方法来初步判断所中病毒的基本情况，在杀毒软件无法自动查杀，打算采用手工方式清除时这些信息会给用户带来很大的帮助。

10.3.2　使用杀毒软件查杀计算机病毒

杀毒软件也称反病毒软件或防毒软件，用于消除计算机病毒、特洛伊木马和恶意软件。杀毒软件通常集成监控识别、病毒扫描和清除以及自动升级等功能特点，有的杀毒软件还带有数据恢复等功能，是计算机防御系统的重要组成部分。

杀毒软件有很多，例如驱逐舰杀毒软件、金山毒霸、江民、瑞星、360 杀毒等。本小节就来讲解使用 360 杀毒软件查杀计算机病毒的方法。

1.　快速杀毒

快速杀毒是一种快速查杀计算机病毒的方式，可以在很短的时间内扫描出病毒并快速杀毒，不仅用时短，而且不像全盘扫描那样会缩短计算机硬盘的寿命。因此建议经常使用杀毒软件的快速杀毒功能查杀计算机病毒，其操作过程如下。

Step 1　确保计算机安装了 360 杀毒软件，然后启动 360 杀毒软件，进入其主界面，单击【快速扫描】选项，如图 10-32 所示。

图 10-32　选择快速扫描

Step 2　执行该选项后，杀毒程序开始对系统磁盘进行快速扫描，如图 10-33 所示。

图 10-33　快速扫描过程

Step 3 快速扫描结束后，会显示扫描结果，如图 10-34 所示，单击 立即处理 按钮，程序会对出现的各种安全威胁进行处理。

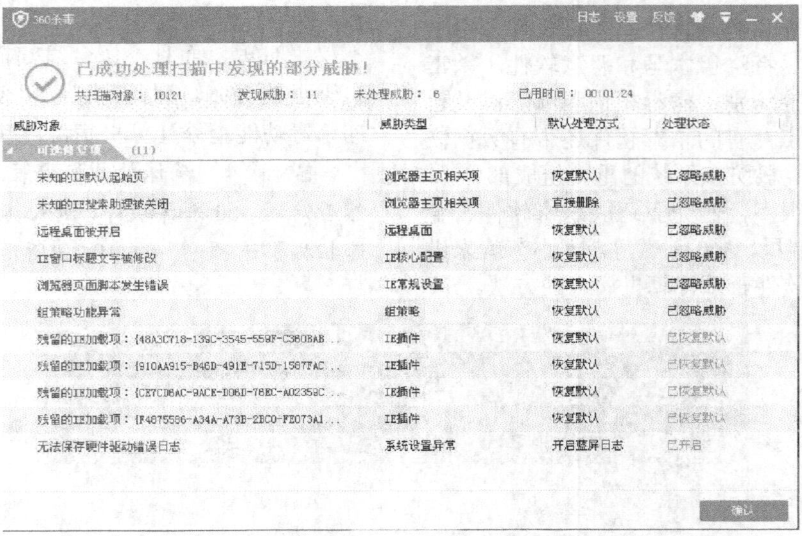

图 10-34　处理各种安全威胁

Step 4 处理完安全威胁后，会出现如图 10-35 所示的界面，提示已成功处理扫描中发现的部分威胁。

图 10-35　已处理完安全威胁

Step 5 最后退出该程序，完成对计算机快速杀毒的操作。

2. 全盘杀毒

上面步骤可快速扫描计算机病毒，但是不能完全扫描出磁盘里面的各种安全威胁。要想完全扫描出磁盘里面的各种安全威胁，还需要使用全盘杀毒功能。下面介绍全盘扫描的方法。

Step 1 确保计算机安装了 360 杀毒软件，启动该软件并进入其主界面，单击【全盘扫描】选项，如图 10-36 所示。

图 10-36　选择全盘扫描

Step 2 单击【全盘扫描】后，会出现如图 10-37 所示的界面，系统开始对计算机磁盘进行全面扫描，该扫描时间可能会很长。

图 10-37　正在全盘扫描

Step 3 全盘扫描结束后，会显示扫描结果，如图 10-38 所示。

图 10-38　处理各种安全威胁

Step 4　单击 立即处理 按钮，系统会对出现的各种安全威胁进行处理，如图 10-39 所示。

图 10-39　正在处理安全威胁

Step 5　处理完各种安全威胁后，会出现如图 10-40 所示的界面，提示已成功处理扫描中发现的部分威胁。

Step 6　最后退出该程序，完成对系统的全面扫描。

3. 查杀 U 盘病毒

U 盘是计算机用户不可缺少的设备之一，U 盘不仅可以存储文本、图片等相关资料，同时还可以非常方便地将这些资料拷贝到计算机进行处理。但由于 U 盘会经常在计算机之间相互使用，因此难免被计

算机病毒所感染，因此，查杀 U 盘病毒也是不可或缺的操作。当发现 U 盘里面有病毒时，需要单独对其进行杀毒处理。下面介绍对 U 盘杀毒的过程。

图 10-40　已处理完安全威胁

Step 1　首先将 U 盘插入计算机的 USB 接口，使其与计算机连接。

Step 2　双击桌面上的【我的电脑】图标进入【我的电脑】窗口，然后选择 U 盘，右击选择【使用 360 杀毒扫描】选项，如图 10-41 所示。

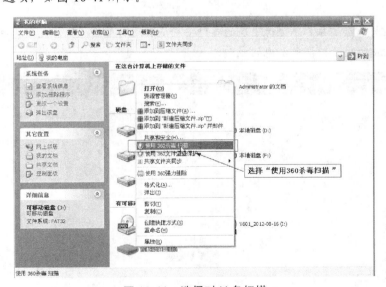

图 10-41　选择对 U 盘扫描

Step 3　执行该选项后，系统会自动对 U 盘进行扫描，如图 10-42 所示。

图 10-42　扫描 U 盘

Step 4　对 U 盘扫描结束后，会显示扫描结果，如图 10-43 所示。

图 10-43　扫描结果

Step 5　单击 立即处理 按钮，会对出现的各种安全威胁进行处理，处理完后，会出现如图 10-44 所示的界面，提示已成功处理扫描中发现的威胁。

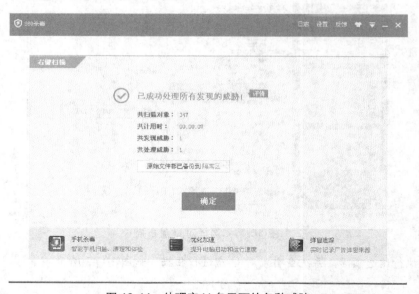

图 10-44　处理完 U 盘里面的各种威胁

Step 6　关闭 360 杀毒软件，完成操作。

10.3.3　升级杀毒软件

随着病毒的不断变化和演变，杀毒软件的病毒库也需要不断地更新升级，以应对新出现的各种各样的病毒和木马。下面以 360 杀毒为例说明如何手动和自动升级杀毒软件。

1.　手动升级

Step 1　右击桌面右下角的 360 杀毒软件，在弹出的菜单中选择【升级】选项，如图 10-45 所示。

图 10-45　选择升级

Step 2　执行该选项后会出现【360 杀毒-升级】对话框，如图 10-46 所示，系统正在获取更新信息同时自动升级。

图 10-46　自动升级

Step 3　升级成功后，系统会提示病毒库和程序已是最新，如图 10-47 所示。

Step 4　单击 关闭 按钮，关闭 360 杀毒升级对话框，完成对 360 杀毒软件的手动升级。

2.　设置杀毒软件自动升级

杀毒软件可以设置成自动升级模式，这样如果有新的病毒库，360 杀毒软件会即时自动升级，免去手动升级的麻烦。下面介绍如何设置自动升级。

图 10-47　升级完成

Step 1　进入 360 杀毒软件的主界面，选择【设置】菜单，如图 10-48 所示。

图 10-48　选择设置菜单

Step 2　在打开的【360 杀毒-设置】界面中单击 升级设置 按钮，如图 10-49 所示。

图 10-49　选择升级设置

Step 3　选择【自动升级病毒特征库及程序】选项，如图 10-50 所示，然后单击 确定 按钮关闭该对话框。

图 10-50 设置自动升级

10.4 硬盘数据的保护

为了保护硬盘里面的数据，可以设置硬盘的保护状态，这样不管是安装软件，还是删除文件、更改系统的设置等，计算机重新启动后，就会恢复到初始状态，达到保护硬盘数据的目的。

设置硬盘的数据保护有两种途径：一种是硬件措施；另外一种是软件措施。

硬件措施是指在硬盘或者主板上集成一个芯片，使硬盘的数据重启后回到初始状态，这种方法适合于有很多计算机的场所，比如学校的电子阅览室、网吧等。软件措施是指借助软件来保护硬盘的数据。这一节主要介绍使用冰点还原精灵软件进行硬盘数据保护的方法。

冰点还原精灵（DeepFreeze）是由 Faronics 公司出品的一款系统还原软件，它可自动将系统还原到初始状态，保护系统不被更改，能够很好地抵御病毒的入侵以及人为的对系统有意或无意的破坏，且它的安装不会影响硬盘分区和操作系统。安装了 DeepFreeze 的系统，无论进行了安装软件，还是删除软件、更改系统设置等操作，计算机重新启动后，一切将恢复到初始状态。

下面介绍如何使用冰点还原精灵。

10.4.1 软件安装

安装软件之前要事先规划好要保护那个分区的数据，这里以保护计算机的 C、D 盘为例。同时在使用这个软件之前，要获得相应的软件安装密钥，另外，在安装 DeepFreeze 时要确保所有运行程序要关闭，因为这是计算机使用 DeepFreeze 进行数据保护的初始状态。安装 DeepFreeze 结束后，系统会自动重启。

Step 1 首先下载或购买冰点还原精灵（DeepFreeze）软件，然后打开安装文件，会出现如图 10-51 所示的界面。

图 10-51 准备安装 DeepFreeze

Step 2 单击 安装 按钮进入程序安装界面，如图 10-52 所示。

图 10-52 安装界面

Step 3 单击 下一步(N) > 按钮进入【最终用户许可协议】界面，勾选【我接受许可协议的条款】选项，如图 10-53 所示。

Step 4 单击 下一步(N) > 按钮进入【许可证】界面，在【许可证密钥】后面的方框内输入许可证密钥，如图 10-54 所示。

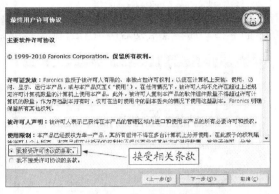

图 10-53　接受许可协议

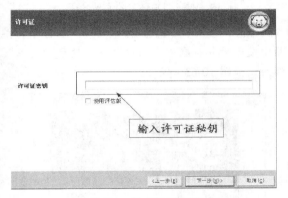

图 10-54　输入许可证密钥

Step 5　单击 下一步(N)> 按钮进入【冻结的驱动器配置】界面，选择要进行数据保护的分区，这里选择 C 盘和 D 盘，如图 10-55 所示。

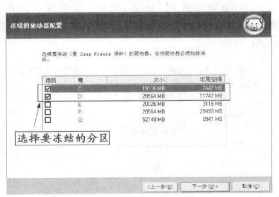

图 10-55　设置要进行数据保护的分区

Step 6　设置完毕以后，单击 下一步(N)> 按钮，计算机会自动重启，重启以后计算机的 C

盘、D 盘将处于保护状态，软件的安装过程结束。

Step 7　计算机屏幕右下角出现图标，表示计算机的 C 盘、D 盘处于保护状态，如图 10-56 所示。

图 10-56　计算机的 C 盘和 D 盘处于保护状态

10.4.2　解除保护状态

当设置了计算机的 C 盘和 D 盘处于保护状态后，无论在这两个分区内进行何种操作，重启以后还会回到初始状态，但是可以通过更改 DeepFreeze 的密码，来解除对 C 盘和 D 盘的保护。下面讲解如何解除保护。

Step 1　按住键盘上的 Shift 键，同时单击计算机屏幕右下角的图标，会出现如图 10-57 所示的界面，由于没有设置密码，因此密码为空。

图 10-57　进入 DeepFreeze 界面

Step 2　单击 确定(O) 按钮，进入 DeepFreeze 软件的主界面，选择密码选项卡，如图 10-58 所示。

图 10-58　DeepFreeze 主界面

Step 3 首先在【输入新密码】后面的方框内输入新的密码，同时在【确认密码】后面的方框内再次输入同样的密码，如图10-59所示。

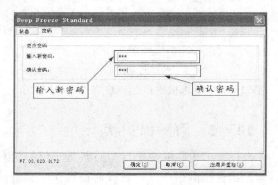

图 10-59　设置密码

Step 4 单击 确定(O) 按钮进入如图 10-60所示的界面，提示新密码已经设置。

图 10-60　提示新密码已设置

Step 5 单击 确定(O) 按钮，关闭该对话框。

Step 6 按住键盘上的 Shift 键，同时单击计算机屏幕右下角的图标，打开如图 10-61 所示的界面，在【输入密码】后面的方框内输入刚才设置的密码。

图 10-61　进入 DeepFreeze 界面

Step 7 单击 确定(O) 按钮，进入如图 10-62所示的界面，选择【启动后解冻】选项。

图 10-62　更改下次启动状态

Step 8 单击 应用并重启(A) 按钮，在打开的界面中提示计算机在未来启动时均将处于"解冻"模式，如图 10-63 所示。

图 10-63　重启处于不保护状态

Step 9 单击 确定(O) 按钮，弹出提示界面，提示设置完成，同时询问是否立即重启，如图10-64 所示。

图 10-64　设置立即重启

Step 10　单击 是(Y) 按钮重新启动计算机，重新开机后会在屏幕右下角出现 图标，表示计算机的 C 盘、D 盘没有处于保护状态，如图 10-65 所示。

图 10-65　不在保护状态

10.4.3　设置保护状态

在非保护状态下，对计算机的 C 盘、D 盘进行的各种操作在重启后不会还原到初始状态。下面讲解如何设置保护状态。

Step 1　按住键盘上的 Shift 键，同时单击计算机屏幕右下角的 图标，会出现如图 10-66 所示的界面，在该界面的【输入密码】后面的方框内输入密码。

图 10-66　进入 DeepFreeze 界面

Step 2　单击 确定(O) 按钮，进入如图 10-67 所示的界面，选择【启动后冻结】选项，如图 10-67 所示。

图 10-67　更改下次启动状态

Step 3　单击 应用并重启(A) 按钮进入如图 10-68 所示的界面，提示计算机在未来启动时均将处于"冻结"模式。

图 10-68　重启处于保护状态

Step 4　单击 确定(O) 按钮，弹出提示对话框，提示设置完成，同时询问是否立即重启，如图 10-69 所示。

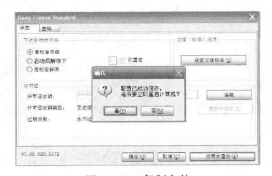

图 10-69　复制文件

Step 5　单击 是(Y) 按钮重新启动计算机。重新启动后，计算机中的 C 盘和 D 盘将处于保护状态。

10.5 上机与练习

（1）练习使用 360 安全卫士进行计算机的日常维护。

（2）使用冰点还原精灵对系统的 C 盘数据进行保护。

第 **11** 章

计算机常见故障排除

📖 **学习目标**

学习计算机常见故障的相关知识，掌握计算机常见故障排除的基本技能与方法。计算机常见故障主要包括软硬件故障、局域网故障等。本章学习计算机故障检测的一般方法、计算机软硬件常见故障诊断与排除。通过本章的学习，掌握有关的方法和技能，在平时的操作实践中积累丰富的经验。

📖 **学习重点**

熟悉计算机故障排除的一般方法；掌握各种常见故障的现象及排除方法与技巧。

📖 **主要内容**

◆ 计算机故障检测的一般方法
◆ 计算机常见软件故障的诊断与排除
◆ 计算机常见硬件故障及处理

11.1 计算机故障检测的一般方法

计算机在日常使用过程中，会出现各种各样的问题或故障，例如由于安装软件以及硬件设备造成的软、硬件故障，使用过程中操作失误造成的故障，以及计算机病毒的入侵、元器件的老化等造成的计算机的各种故障。掌握排除这些故障的相关方法，对计算机使用者来说就显得尤为重要。要排除这些故障，首先需要找到出现故障的原因，也就是计算机的检测。这一节主要介绍检测计算机故障的常用方法。

在检测计算机故障时，我们常会采用观察法、最小系统法、插拔法、替换法、比较法、升降温法等比较有效、且经常使用的方法，下面对这些方法进行逐一介绍。

1. 观察法

所谓观察法就是通过看、听、摸、闻等方式来检查计算机的故障，这是排除计算机故障最直接，也最有效的方法之一。

看：就是看机器是否有火花，插件是否松动，电源线、数据线是否断开等。

听：就是听机器是否有异常声音。例如仔细听开机时的出错报警声音以及风扇的转动声音等。

摸：用手摸有关元件是否过热。通常硬件的正常温度不应超过 50℃。

闻：闻是否有异味。如焦味和臭味等。

2. 最小系统法

最小系统诊断法是指只安装 CPU、主板、内存，然后开机试试，如果没有问题，说明这几个部件没有故障。然后关机，将硬盘接上再重新开机，如果还能正常开机，说明硬盘也没有故障，如果不能正常开机代表硬盘有问题。如接上硬盘能正常开机，再把独立显卡安装上，看是否能正常开机，如果还能正常开机，说明显卡是没有故障的，如果不能正常开机代表显卡有问题。最后将剩下的其他组件逐一装上去，当计算机无法开机的时候，我们就知道导致计算机不能正常开机的根源所在。

3. 插拔法

所谓插拔法是指拔下相关配件再插上。例如检查电源线、各板卡之间是否有松动或者接触不良的现象，将怀疑的板卡拆下，用橡皮将接触部位擦干净后重新插入，以保证接触良好，也可以把相关的电源拔下来，然后重新插入。

4. 替换法

替换法是指使用好的部件去代替可能有故障的部件，以判断故障现象是否消失，这种排除故障的方法非常管用。好的部件可以是同型号的，也可以是不同型号的。替换的顺序一般是根据故障的现象，来考虑需要进行替换的部件或设备，按先简单后复杂的顺序进行替换，例如先替换内存、CPU，最后再替换主板。

5. 比较法

比较法与替换法类似，即用好的部件与怀疑有故障的部件进行外观、配置、运行现象等方面的比较。也可在两台计算机间进行比较，以判断故障计算机在环境设置、硬件配置方面的不同，从而找出故障部位。

6. 升降温法

降温法是指降低计算机配件的温度，可利用手指去触摸一下计算机内部的各个器件，检查是否有组件过热。也可人为地利用电吹风对可能出现故障的部件进行升温试验，促使故障出现，从而找出故障的原因。也可利用酒精对可疑的部位进行降温试验，如故障消失，则表明此部件热稳定性差，应予以更换。此方法适用于计算机运行时而正常、时而不正常的故障诊断。

11.2 计算机常见软件故障诊断和排除

计算机硬件是组成计算机的基础，而软件是计算机应用的必要条件。计算机的一切功能都是通过软件的使用而实现的，由于软件的种类、版本、硬件配置以及操作者的操作习惯各不相同，在软件的使用过程中，很容易出现各种各样的问题。如果应用软件出现问题，就会直接影响到计算机的正常工作，从而影响到使用者的工作。为了能顺利解决计算机日常应用中遇到的软件故障，用户需要对各种软件故障有一个大体的了解，以便做出准确诊断，并排除故障。

11.2.1 软件故障常用诊断和排除方法

本小节讲解软件故障的排除方法，具体如下。

1. 重装系统法

遇到计算机系统无法正常启动或者某些软件因缺少系统文件而无法正常运行的情况时，在系统盘没有备份的前提下，用户就要重装系统，以使自己的计算机在最短的时间内恢复正常。重装系统的详细步骤在前面章节中已经做了详细的介绍，在此不再赘述。

2. 安全模式法

安全模式法主要用来诊断由于注册表损坏或一些软件不兼容导致的操作系统无法启动的故障。以 Windows XP 为例，安全模式法的诊断步骤如下。

Step 1 用安全模式启动计算机，在计算机开启 BIOS 加载完之后，迅速按下 F8 键，在出现的 Windows XP 高级选项菜单中选择【安全模式】选项，如图 11-1 所示，即可进入安全模式。

Step 2 如果存在不兼容的软件，在系统启动进入安全模式后，在【控制面板】/【添加或删除程序】中将它卸载，然后正常退出，如图 11-2 所示。

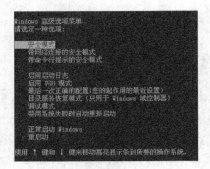

图 11-1 选择【安全模式】选项

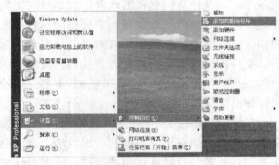

图 11-2 添加或删除程序

Step 3 重新启动计算机，启动后安装新的软件即可。如果还是不能正常启动，则需要使用其他方法排除故障。

3. 软件最小系统法

软件最小系统法是指从维修判断的角度，能使计算机开机运行的最基本的软件环境，即不安装任何应用软件，只有一个基本的操作系统环境。可以卸载所有的应用软件或者重新安装操作系统，然后根据故障分析判断的需要，安装需要的应用软件。

使用一个干净的操作系统环境，可以判断故障是属于系统问题、软件冲突问题，还是软、硬件间的冲突问题。

4. 程序诊断法

针对运行环境不稳定等故障，可以用专用的软件来对计算机的软、硬件进行测试。例如根据 3DMark2006、WinBench99 等软件的反复测试而生成的报告文件，用户就可以轻松地找到一些由于系统运行不稳定而引起的故障。

5. 逐步添加/去除软件法

逐步添加软件法是指以最小系统为基础，每次只向系统添加一个软件来检查故障现象是否发生变化，以此来判断故障软件。而逐步去除软件法，正好与逐步添加软件法的操作相反。

6. 重置软件环境参数法

现代的软件为了适应不同环境用户的需要，都预留了一些配置参数变量。因此，当软件出现了一些应用故障或者缺陷时，要尽量从软件的配置参数入手考虑，针对软件故障的表现对相应的参数加以修改，从而有效排除故障。

11.2.2　软件故障排除案例分析

在前面小节中，简要分析了常见软件故障产生的原因以及排除方法，但实际运用中用户还需要针对具体问题来具体分析。本小节将对一些常见的系统软件故障和应用软件故障进行分析，并介绍排除软件故障的具体方法。

1. 系统软件常见故障

下面以 Windows XP 系统为例，讲解系统软件常见的故障。

◆　任务管理器无法使用

故障描述：当按下键盘上的 Ctrl+Alt+Del 组合键准备打开任务管理器时，会弹出一个提示用户"任务管理器已被系统管理员停用"的提示框，如图 11-3 所示，表示任务管理器被禁用了。

图 11-3　任务管理器被禁用

解决方法：若想重新获得任务管理的使用权，只需在【组策略】对话框中进行简单的设置即可。具体的操作步骤如下。

Step 1　单击屏幕左下角的 按钮，在列表中选择【运行】选项，打开【运行】对话框，输入"gpedit.msc"，如图 11-4 所示。

图 11-4　输入"gpedit.msc"命令

Step 2　单击 确定 按钮，弹出【组策略】对话框，如图 11-5 所示。

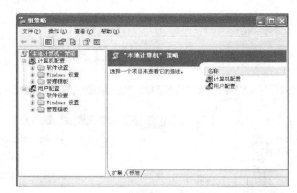

图 11-5　【组策略】对话框

Step 3　在【组策略】对话框的左边列表中单击【用户配置】选项前的 ⊞ 按钮将其展开，如图 11-6 所示。

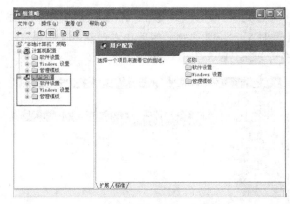

图 11-6　选择【用户配置】选项

Step 4　在左侧的【用户配置】选项下单击【管理模板】前面的 ⊞ 按钮将其展开，如图 11-7 所示。

Step 5　单击【管理模板】选项下的【系统】前面的 ⊞ 按钮将其展开，如图 11-8 所示。

图 11-7　选择【管理模板】选项

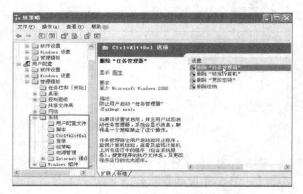

图 11-8　选择【系统】选项

Step 6　在【系统】选项下单击【Ctrl+Alt+Del】选项，然后在右侧双击【删除"任务管理器"】选项，如图 11-9 所示。

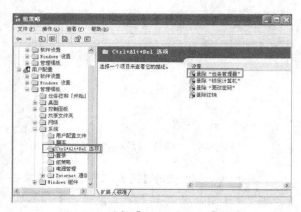

图 11-9　选择【Ctrl+Alt+Del】选项

Step 7　双击【删除"任务管理器"】选项

后进入【删除"任务管理器"属性】对话框，在该对话框中发现【已禁用】选项被勾选了，如图 11-10 所示。

图 11-10　【删除"任务管理器"属性】对话框

Step 8　在该对话框中勾选【未配置】选项，如图 11-11 所示，然后单击 确定 按钮退出。

图 11-11　重新设置【Ctrl+Alt+Del】属性

Step 9　按下键盘上的 Ctrl+Alt+Del 组合键，即可弹出【Windows 任务管理器】窗口。

◆ Windows XP 系统运行时出现蓝屏

故障描述：计算机在运行时，突然出现蓝屏现象，同时在屏幕上显示停机码为"0x0000001E：KMODE_EXCEPTION_NOT_HANDLED"，如图 11-12 所示。

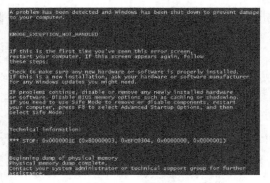

图 11-12　蓝屏

故障原因：Windows 系统检查到一个非法或者未知的进程指令，这个停机码一般是由有问题的内存造成的，或者是由有问题的设备驱动、系统服务或内存冲突和中断冲突引起。

解决方法：在安装 Windows 系统后第一次重启时即出现蓝屏，则最大可能是系统分区的磁盘空间不足或 BIOS 兼容有问题。如果是在关闭某个软件时出现的，很有可能是软件本身存在设计缺陷，升级或卸载该软件即可。

◆　计算机桌面上没有任何图标

故障描述：桌面没有任何图标，任务栏也没有，单击或者右击均没有反应，如图 11-13 所示。

图 11-13　桌面上没有图标

故障原因：可能是常规性程序错乱或恶意程序、木马、病毒等导致 explorer.exe 进程意外结束。explorer.exe 是 Windows 程序管理器或者 Windows 资源管理器，用于管理 Windows 图形壳，包括开始菜单、任务栏、桌面和文件管理，删除该程序会导致 Windows 图形界面无法适用。

解决方法：通过运行任务管理器重新启动 explorer.exe 进程，具体步骤如下。

Step 1　按住键盘上的 Ctrl+Alt+Delete 组合键，会出现任务管理器界面，如图 11-14 所示。

图 11-14　任务管理器界面

Step 2 选择菜单栏中的【文件】/【新建任务】选项，如图 11-15 所示。

面输入 "explorer.exe"，如图 11-16 所示，并按 确定 按钮。

图 11-15 选择【新建任务】

图 11-16 输入 "explorer.exe"

Step 3 在弹出的【创建新任务】对话框里

Step 4 出现如图 11-17 所示界面，桌面上可以看到各种图标。

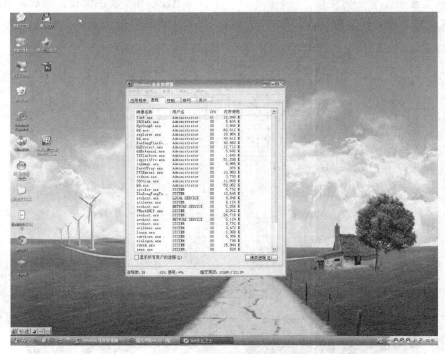

图 11-17 桌面上显示各种图标

◆　显示隐藏的文件和文件夹

故障描述：很多隐藏的文件不能显示，如图 11-18 所示。

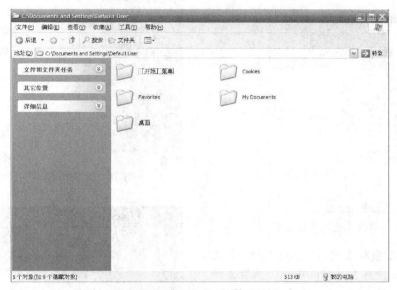

图 11-18　不能显示隐藏的文件

故障原因：系统设置不显示隐藏的文件和文件夹，导致一些设置成隐藏属性的文件和文件夹不能显示。

解决方法：通过设置文件夹的属性，显示隐藏的文件和文件夹，具体步骤如下。

Step 1　选择菜单栏中的【工具】/【文件夹选项】选项，如图 11-19 所示。

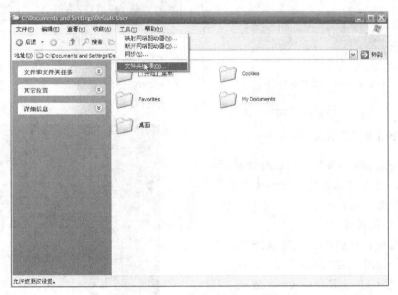

图 11-19　选择【文件夹选项】

Step 2 在弹出的【文件夹选项】对话框中，单击【查看】选项卡，如图 11-20 所示。

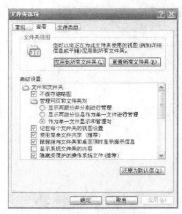

图 11-20 单击【查看】选项卡

Step 3 按住鼠标左键向下拖动滑动条，找到【隐藏文件和文件夹】并将其展开，然后选择【显示所有文件和文件夹】选项，如图 11-21 所示。

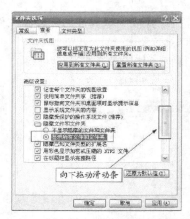

图 11-21 选择【显示所有文件和文件夹】

Step 4 单击 确定 按钮关闭该对话框，再打开刚才的文件，会看到隐藏的文件和文件夹已经显示出来了，如图 11-22 所示。

◆ 忘记用户登录密码

故障描述：忘记计算机的开机登录密码，不能正常进入系统，如图 11-23 所示。

解决方法：使用 U 盘清除系统开机密码。U盘事先已被制作成启动盘，同时设置好第一启动为 U 盘启动。

图 11-22 显示隐藏的文件和文件夹

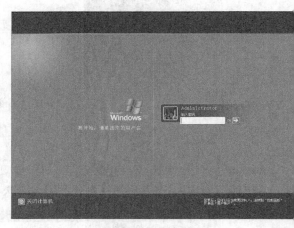

图 11-23 开机界面

Step 1 进入 U 盘启动盘后，选择【运行Windows 登录密码破解菜单】选项并按 Enter 键，如图 11-24 所示。

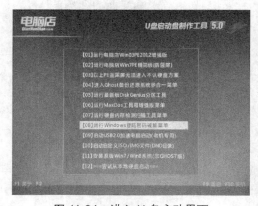

图 11-24 进入 U 盘启动界面

Step 2　选择【清除 Windows 登录密码】选项并按 Enter 键，如图 11-25 所示。

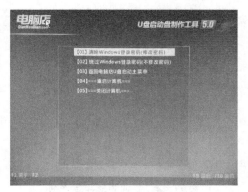

图 11-25　选择【清除 Windows 登录密码】

Step 3　出现了 Windows 系统密码清除的界面，如图 11-26 所示。

图 11-26　Windows 系统密码清除的界面

Step 4　在该界面输入序号"2"并按 Enter 键，此时系统正在搜索硬盘上所有硬盘和分区上的 SAM 文件，如图 11-27 所示。

图 11-27　正在搜索 SAM 文件

Step 5　找到硬盘上所有硬盘和分区上的 SAM 文件，如图 11-28 所示，选择第一分区里面的文件，在输入序号处输入"0"并按 Enter 键。

图 11-28　选择第一分区的 SAM 文件

Step 6　出现一个用户列表界面，如图 11-29 所示，这里选择 Administrator 用户，在输入序号处输入"0"并按 Enter 键。

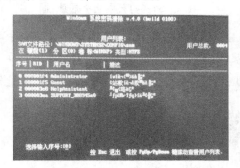

图 11-29　选择 Administrator 用户

Step 7　出现用户账号参数界面，如图 11-30 所示，按键盘上的【Y】键清除密码。

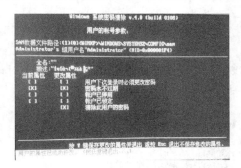

图 11-30　成功清除密码

Step 8　按住键盘上的 Ctrl+Alt+Del 组合键，重新启动计算机，不需要输入密码即可直接进入系统了。

◆　上网拨号图标丢失

故障描述：不小心把上网拨号图标删除了，

不能拨号上网了。

解决方法：通过网上邻居新建一个宽带连接图标，具体操作方法如下。

Step 1 在桌面右击【网上邻居】图标，出现如图 11-31 所示菜单，选择【属性】选项。

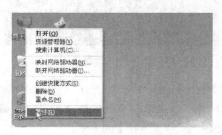

图 11-31　打开网上邻居属性

Step 2 在弹出的【网络连接】窗口中单击【创建一个新的连接】按钮，如图 11-32 所示。

图 11-32　创建一个新的连接

Step 3 在弹出的【新建连接向导】对话框中单击 下一步(N) > 按钮，如图 11-33 所示。

图 11-33　新建连接向导

Step 4 选择【连接到 Internet】网络连接类型，并单击 下一步(N) > 按钮，如图 11-34 所示。

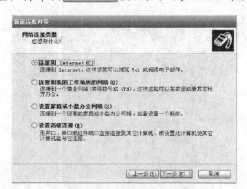

图 11-34　设置网络连接类型

Step 5 选择【手动设置我的连接】选项连接到 Internet，单击 下一步(N) > 按钮，如图 11-35 所示。

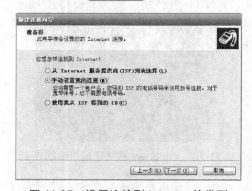

图 11-35　设置连接到 Internet 的类型

Step 6 选择【用要求用户名和密码的宽带连接来连接】选项连接到 Internet，单击 下一步(N) > 按钮，如图 11-36 所示。

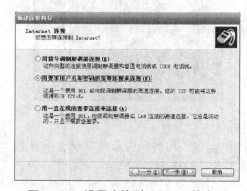

图 11-36　设置连接到 Internet 的类型

Step 7　为新建的连接重新命名，这里命名为【宽带连接】，单击 下一步(N) 按钮，如图 11-37 所示。

图 11-37　为新的连接命名

Step 8　Internet 账户信息可以直接空着不需填写，单击 下一步(N) 按钮，如图 11-38 所示。

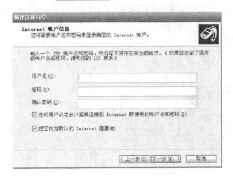

图 11-38　输入用户账号

Step 9　选择在桌面上添加一个新的快捷方式，单击 下一步(N) 按钮，如图 11-39 所示。

图 11-39　在桌面上新建一个连接

Step 10　弹出宽带连接的对话框，如图 11-40 所示，输入相应的用户名和密码即可上网，同时在桌面上也有个拨号连接的快捷方式。

图 11-40　新建的宽带连接

◆　安装虚拟机以后，计算机不能上网

故障描述：在计算机中安装虚拟机软件后发现本机不能上网，打开网上邻居，发现一共有 3 个本地连接，如图 11-41 所示，这时候却不能禁用虚拟机网卡，如图 11-42 所示。

图 11-41　3 个本地连接

图 11-42　不能直接禁用虚拟网卡

解决方法：通过任务管理器禁用虚拟机自带的虚拟网卡即可。

Step 1　在桌面右击【我的电脑】图标，出现如图 11-43 所示菜单，单击【属性】选项。

图 11-43　打开我的电脑属性

Step 2　在弹出的【系统属性】对话框中选择【硬件】选项卡，如图 11-44 所示，单击 设备管理器(D) 按钮。

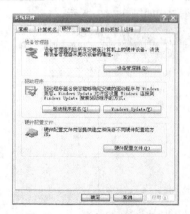

图 11-44　选择硬件选项卡

Step 3　在弹出的【设备管理器】对话框中

单击【网络适配器】前面的"+"号，会显示当前的网络状态，如图 11-45 所示，下面的两个网卡为虚拟机的网卡。

图 11-45　显示 3 个网卡

Step 4　选择其中的一块虚拟网卡，右击并选择【停用】选项，如图 11-46 所示。

图 11-46　禁用网卡

Step 5　弹出一个警告对话框，确认是否禁用该设备，这里单击 <button>是(Y)</button> 按钮，如图 11-47 所示。

图 11-47　确认禁用网卡

Step 6　此时其中的一块网卡已经被禁用，按照同样的步骤禁用另一块网卡，处理结果如图 11-48 所示。

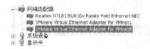

图 11-48　两块虚拟网卡已经禁用

2. 应用软件常见故障

前面讲解了系统软件常见故障及解决方法，下面继续以浏览器和办公软件中常见的某些软件故障为例，讲解应用软件常见故障及解决方法。

◆ 无法浏览网页

故障描述：使用 IE 浏览器上网时，无法打开网页，如图 11-49 所示。

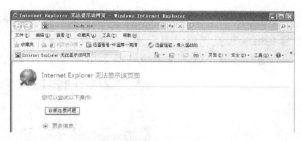

图 11-49　浏览器页面无法显示

解决方法：不能浏览网页的原因很多，网络设置不当、DNS 服务器故障、网络防火墙问题、IE 损坏等都可能导致用户无法上网。此类故障一般是由于网络设置不当引起的，下面介绍解决此类故障的一般方法，具体的操作步骤如下。

Step 1　在桌面右击【网上邻居】图标，选择【属性】选项，如图 11-50 所示。

图 11-50　选择网上邻居属性

Step 2　执行【属性】选项后弹出【网络连接】窗口，如图 11-51 所示。在该窗口中观察【本地连接】是否被禁用，如果本地连接被禁用，则图标如图 11-52 所示。

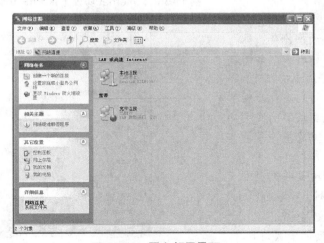

图 11-51　网上邻居界面

图 11-52　本地连接禁用图标

Step 3 若本地连接被禁用，双击 图标即可启用。经过以上步骤如果还是无法打开网页，那么需要继续检查网络设置是否存在故障。

Step 4 右击【本地连接】图标，选择【属性】选项，如图 11-53 所示。

图 11-53 选择本地连接属性

Step 5 进入【本地连接属性】对话框，选择 ☑ Internet 协议（TCP/IP） 选项，然后单击 属性(R) 按钮，如图 11-54 所示。

图 11-54 【本地连接属性】对话框

Step 6 弹出【Internet 协议（TCP/IP）属性】对话框，检查自己的 IP 地址、子网掩码、默认网关、DNS 服务器的设置是否都正确，如图 11-55 所示，若有设置错误，将其修改正确即可。

Step 7 若经过上述操作后仍无法打开网页，我们就要考虑其他可能引起此类故障的因素了，如网络防火墙问题、IE 损坏、病毒感染等。

◆ 网页文字无法复制

故障描述：在浏览网页时，发现某些网页中的文字无法复制，这会影响用户在网上搜索资料。

解决方法：如果遇到网页中的文字无法复制，只需通过简单的设置就可以解决，具体步骤如下。

Step 1 单击屏幕左下角的 开始 按钮，然后选择 控制面板(C) 选项，如图 11-56 所示，打开【控制面板】窗口，如图 11-57 所示。

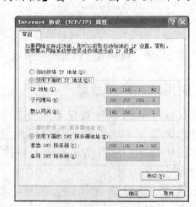

图 11-55 【Internet 协议（TCP/IP）属性】对话框

图 11-56 开始界面

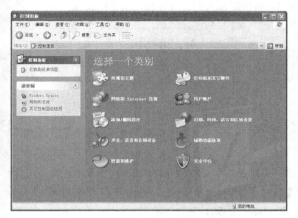

图 11-57　【控制面板】窗口

Step 2　单击 网络和 Internet 连接 选项，弹出【网络和 Internet 连接】窗口，如图 11-58 所示。

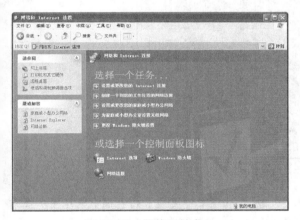

图 11-58　网络属性窗口

Step 3　单击【Internet 选项】选项，弹出【Internet 属性】对话框，如图 11-59 所示。

图 11-59　【Internet 属性】对话框

Step 4　选择【安全】选项卡，然后在【选择要查看的区域或更改安全设置】选项组中选中 选项图标，如图 11-60 所示。

Step 5　单击 自定义级别(C)... 按钮，弹出【安全设置-Internet 区域】对话框，如图 11-61 所示。

图 11-60　选择 Internet 图标

图 11-61　【安全设置】对话框

Step 6　在该对话框的【设置】选项组中选中【脚本】选项下的所有【启用】单选项，如图 11-62 所示，然后单击 确定 按钮确认并关闭该对话框即可。

◆　打开损坏的 Word 文件

故障描述：已经损坏了的 Word 文件不能打开，出现如图 11-63 所示的提示。

图 11-62　脚本选项

图 11-63　Word 出现错误提示

解决方法：这种故障通过设置也是有可能解决的，步骤如下。

Step 1　启动 Word 程序，选择菜单栏中的【文件】/【打开】命令，弹出【打开】对话框。如图 11-64 所示。

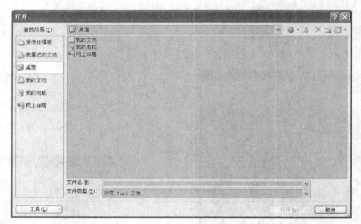

图 11-64　【打开】对话框

Step 2　在【打开】对话框中选择已经损坏的文件，然后从【文件类型】列表框中选择【从任意文件还原文本】选项，如图 11-65 所示。然后单击 打开(O) 按钮，就可以打开选定的被损坏文件。

图 11-65　从任意文件还原文本

Step 3　若执行了上述步骤之后还打不开文件，可以试着用文件恢复工具，否则就只能重做文件了。

◆　Word 文档感染了宏病毒

故障描述：Word 文档感染了宏病毒无法打开，如图 11-66 所示。

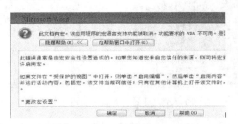

图 11-66　感染宏病毒

解决方法：此类故障的一般解决方法是降低感染宏病毒的几率，具体操作步骤如下。

Step 1　启动 Word 程序，选择菜单栏中的【工具】/【宏】/【安全性】命令，弹出【安全性】对话框，如图 11-67 所示。

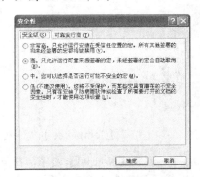

图 11-67　【安全性】对话框

Step 2　在该对话框中设置安全性的级别，例如设置为【非常高】，然后单击 [确定] 按钮确认并关闭该对话框，这样可以减少宏病毒感染文档、模板或加载项的机会。

Step 3　若文件已经感染宏病毒，用最新版的反病毒软件清除宏病毒即可。

注意：宏病毒是众多计算机病毒中比较常见的一种，它通常隐藏在 Word 文档、模板或者加载项的宏中。如果在计算机中执行了激发宏病毒的操作，或者打开了感染宏病毒的文档，就会激活宏病毒，并且传播到整个系统。

◆　Office 办公软件不能用

故障描述：Word 文档打不开，提示如图 11-68 所示界面，选择【发送错误报告】选项或【不发送】选项，均不能打开。

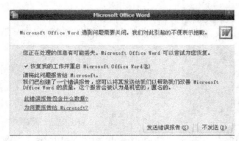

图 11-68　Word 打不开

解决方法：Word 的模本损坏导致不能正常启动 Word。删除 Normal.dot 模本文件，即删除【 C:\Documents and Settings\ Administrator \Application Data\Microsoft\Templates 】 的 Normal.dot 文件，Word 就会自动重新创建一个好的模本文件。具体的操作步骤如下。

Step 1　打开桌面上的【我的电脑】图标，出现如图 11-69 所示界面，双击【本地磁盘（C:）】。

图 11-69　打开 C 盘

Step 2　双击【Documents and Settings】文件夹，如图 11-70 所示。

Step 3　双击【Administrator】文件夹，如图 11-71 所示。

Step 4　双击【Application Data】文件夹，如图 11-72 所示。

图 11-70　打开【Documents and Settings】文件夹

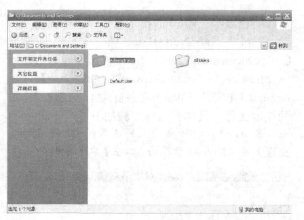

图 11-71　打开【Administrator】文件夹

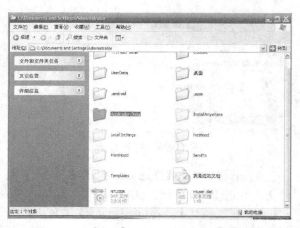

图 11-72　打开【Application Data】文件夹

Step 5　双击【Microsoft】文件夹，如图 11-73 所示。

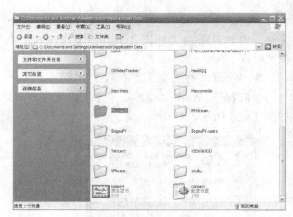

图 11-73　打开【Microsoft】文件夹

Step 6　双击【Templates】文件夹，如图 11-74 所示。

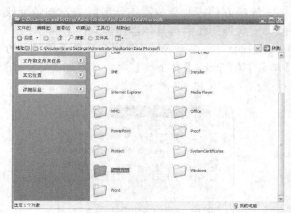

图 11-74　打开【Templates】文件夹

Step 7　右击【Normal】文件，在弹出的下拉菜单中选择【删除】选项，如图 11-75 所示。

图 11-75　删除 Normal 文件

Step 8　确认把【Normal】文件放入回收站，单击 [是(Y)] 按钮，如图 11-76 所示。

图 11-76　确认删除【Normal】文件

11.3 计算机硬件常见故障及处理

计算机硬件是组成计算机的基础，也是计算机能正常运行的关键。质量再好的硬件设备，也会因使用寿命、使用环境、操作习惯等因素而出现故障，一旦这些硬件设备出现故障，会影响计算机的正常运行，本节讲解计算机硬件设备常见的故障以及处理方法。

11.3.1　主板常见故障

如今主板的集成度越来越高，维修主板的难度也越来越大，往往需要借助专门的数字检测设备才能完成。不过，有些主板常见故障并不需要专门的检测设备，用户自己动手即可解决。下面是一些较典型的主板故障以及维修实例。

1. 开机后主板不启动，显示器无显示，有内存报警声

故障分析：内存报警的故障较为常见，主要是由内存接触不良引起的，有的时候也可能是内存插槽的原因。导致这种故障的出现主要有以下几个原因。

◆ 内存条不规范，厚度上有点薄，当插入内存插槽时，留有一定的缝隙。

◆ 内存条的金手指工艺差，表面镀金不合格，时间一长，金手指表面的氧化层逐渐增厚，导致内存接触不良。

◆ 内存插槽质量低劣，簧片与内存条的金手指接触不紧密。

处理方法：打开机箱，拔出内存条，用橡皮仔细地把内存条的金手指擦干净，防止在使用过程中继续氧化，具体操作过程如下。

Step 1　首先拔掉主机的电源，使主机彻底断电，然后打开机箱盖找到内存条，如图 11-77 所示。

图 11-77　找到内存条

Step 2　双手按在内存插槽两侧的小扳手上，将小扳手向两侧扳动，如图 11-78 所示。

图 11-78　扳开小扳手

Step 3　将内存条从内存插槽中取出，如图 11-79 所示。

图 11-79　取出内存条

Step 4 找一块橡皮，沿内存条金手指进行擦拭，将金手指上的金属氧化物擦除，如图11-80所示。

图 11-80　用橡皮擦拭内存条的金手指

Step 5 待金手指上的氧化物擦除干净后，双手握住内存条，将其再次放入内存插槽中，注意内存条的缺口要与内存插槽中突出的地方对齐，如图11-81所示。

图 11-81　插入内存条

Step 6 用力按压内存条，使其能彻底插入内存条插槽，如图11-82所示。

图 11-82　用力按压内存条

Step 7 当内存条被彻底插入插槽后，插槽两侧的小扳手会自动弹回，压住内存条，如图11-83所示，这表示内存条已经插好。

图 11-83　安装好的内存条

Step 8 然后给主机通电并开机进行测试，如果这样还不行的话，就表明内存条损坏，需要重新更换一条内存条。更换内存条还是不行的话，说明主板内存插槽有问题。

2. 主板不启动，开机无显示，有一长两短的显卡报警声

故障分析：导致这种故障的原因一般是显卡松动、显卡的金手指氧化或显卡损坏。

处理方法：打开机箱，把显卡重新插好即可。要检查 AGP 插槽内是否有小异物，以免显卡不能插接到位；对于使用语音报警的主板，应仔细辨别语音提示的内容，再根据内容解决相应故障。如果按照以上办法处理后还报警，就有可能是显卡的芯片坏了，需更更换或修理。

如果开机后听到"嘀"的一声自检通过，显示器没有图像，把该显卡插在其他主板上，却使用正常，说明显卡与主板不兼容，应该更换显卡。具体操作如下。

Step 1 为主机断电，并打开机箱盖，然后用手把显卡从主板中拔出，如图11-84所示。

图 11-84　拔出显卡

Step 2 依照前面的操作，找到一块橡皮，对显卡的金手指进行擦拭，擦除显卡金手指上的氧化物，如图11-85所示。

图 11-85　用橡皮擦拭显卡的金手指

Step 3 擦拭完毕后，再次将显卡插入主板插槽上。注意：插入时要对准显卡和主板上插槽的位置，如图 11-86 所示。

图 11-86　安装显卡

Step 4　为主机通电并开机测试，一般情况下计算机会正常运行。如果还不行，说明显卡已损坏，需要重新更换新的显卡。

3. CMOS 设置不能保存

故障分析：一般是由于主板电池电压不足造成的。

处理方法：更换电池即可。

Step 1　首先为主机断电并打开机箱盖，然后使用一把小刀或者钥匙等较尖锐的东西，将主板电池从主板上抠出，如图 11-87 所示。

图 11-87　准备抠主板电池

Step 2　为主板更换上新电池，如图 11-88 所示，然后为主机通电并开机，故障将排除。

图 11-88　更换后的电池

11.3.2　硬盘常见故障

硬盘是计算机存放数据的重要部件，一旦硬盘出现问题，硬盘中存放的数据有可能全部丢失。为了防止硬盘中的数据丢失，在平时使用计算机时，除了将硬盘中的重要数据备份之外，用户还要学会在硬盘出现问题时，如何有效地重新得到硬盘中的数据，把损失降到最小。

下面针对在计算机使用过程中硬盘的一些最常见故障以及处理方法进行讲解，从而保障用户的数据安全。

1. 添加新硬盘后，系统无法启动

故障分析：出现这种问题，可能是由于 Windows 系统原来不是装在 C 盘而是其他分区上的。而多加了一个硬盘以后，在原来的硬盘存在多分区的情况下，会引起盘符的交错，导致原硬盘的盘符发生变化。Windows 在启动时找不到安装时默认的相关系统文件的位置，自然无法正确启动。在多分区的情况下，硬盘的分区基本上是这样的：原来的 C 盘还是被认为是 C 盘，而第二块硬盘的主分区会被认为是 D 盘，然后，第一块硬盘的其他分区从 E 盘开始算起，接着，是第二块硬盘的其他分区。

处理方法：当添加第二块硬盘后，在对其进行重新分区时，只划分扩展区，这样盘符就不会出错了。

2. 硬盘出现坏道

故障分析：由于目前一些流行的磁盘坏道修复软件大部分不能很好地识别 SATA 接口硬盘，因此应先用各个硬盘厂商推出的硬盘检测工具来帮助我们确定硬盘故障的原因，判断故障是源自磁盘驱动器部分还是由其他软、硬件问题造成，硬盘存在物理坏道还是逻辑坏道。

处理方法：使用希捷公司的 SeaTools 硬盘检测软件对硬盘进行坏道检测，也可以使用 DM 软件对硬盘进行低级格式化。低级格式化在前面已经讲过，这里着重讲解使用希捷公司的 SeaTools 硬盘检测软件的方法。

Step 1　希捷公司的 SeaTools 硬盘检测软件分为 Windows 版和 DOS 版，它可以全面地检测

希捷公司生产的各种硬盘，如图 11-89 所示为 Windows 版 SeaTools 的主界面。

图 11-89　SeaTools for Windows 界面

Step 2　如果在 SeaTools for Windows 版中没有通过检测，则表明硬盘有故障，这时我们可以选用 SeaTools for DOS 版进行检测，可以修复一些坏扇区错误。如图 11-90 所示为 SeaTools for DOS 主界面。

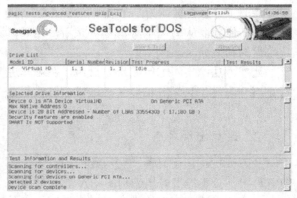

图 11-90　SeaTools for DOS 界面

11.3.3　内存常见故障

内存是计算机中重要的部件之一，它是硬盘与 CPU 进行沟通的桥梁。计算机中所有程序的运行都是在内存中进行的，因此内存的性能对计算机的影响非常大。

内存在计算机系统中的作用举足轻重，但是计算机也会因为内存故障而出现许多问题，导致计算机无法正常工作。下面就来了解一些内存常

见故障及其处理方法。

1．屏幕显示"Error：Unable to ControlA20 Line"出错信息后死机

故障分析：出现这种情况主要是由于内存条与主板插槽接触不良、内存控制器出现故障。

处理方法：仔细检查内存条是否与插槽保持良好接触，或更换内存条，如图 11-91 所示。

图 11-91　检查内存条接触是否良好

2．屏幕上出现许多有关内存出错的信息

故障分析：这种内存故障主要是由以下几点导致的。

◆　系统中运行的应用程序非法访问内存。

◆　内存中驻留了太多应用程序。

◆　活动窗口打开太多。

◆　应用程序相关配置文件不合理等。

处理方法：处理此类故障最简单的方法是注销计算机一次，再登录。关闭计算机后，内存中的所有数据都将丢失。但有些木马、病毒会常驻内存，这时候需要通过重装系统和应用程序等办法来处理。

3．黑屏、花屏、死机现象

故障分析：这种情况主要是由于在 Windows 系统中运行 DOS 状态下的应用软件时，软件之间分配、占用内存冲突导致的。

处理方法：重新启动 Windows 系统，再运行应用程序。

4．内存值与内存条实际容量大小不符、内存工作异常等现象

故障分析：这种情况主要是由病毒程序引起

的，病毒程序驻留内存、CMOS 参数中，内存值的大小被病毒修改，导致内存值与内存条实际容量大小不符、内存工作异常等现象。

处理方法：由于是由病毒程序引起的，首先，采用杀毒软件消除病毒；其次，因为 CMOS 中参数被病毒修改，所以可以先将 CMOS 短接放电，然后重新启动计算机，进入 CMOS 仔细检查各项硬件参数。

5. 计算机内存扩充，选择了与主板不兼容的内存条

故障分析：这种故障是因为在计算机内存扩充过程中，选择了与主板不兼容的内存条。

处理方法：首先，升级主板的 BIOS，看是否能解决问题，如果无济于事，就需要更换内存条。

6. 开机"内存报警"

故障分析：这种情况是由于内存安装不当或有严重的质量问题而导致的。开机"内存报警"，是内存最常见的故障之一。这种故障多数时候是因为计算机的使用环境不好，湿度过大，在长时间使用过程中，内存的金手指表面氧化，造成内存金手指与内存插槽的接触电阻增大，阻碍电流通过而导致内存自检错误。

处理方法：不同的"内存报警"情况需采取不同的处理方法，这里我们介绍一般的处理方法。

Step 1　通过重新安装或者替换其他的内存条来确认并解决。

Step 2　仔细用无水酒精及橡皮将内存条两面的金手指擦洗干净，如图 11-92 所示。

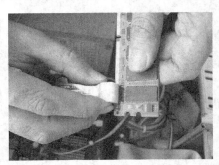

图 11-92　清理金手指

Step 3　也可在其他几个内存插槽上安装试试。

Step 4　或者使用毛笔刷将内存条插槽中的灰尘清理干净，如图 11-93 所示，然后用一张比较硬且干净的白纸折叠起来，插入内存条插槽中来回移动，通过该方法将内存条插槽中的金属物擦拭干净。

图 11-93　清理插槽

7. 兼容性故障的处理

故障分析：内存是计算机中最容易升级的配件之一。由于我们使用的计算机是由不同厂商生产的产品组合在一起的，不兼容性成为用户最为关注的问题。一旦升级不当，就会导致系统工作不稳定、内存容量不能完全识别，甚至不能开机等一系列故障。

处理方法：此类情况比较复杂，通过软件设置一般不能达到良好的兼容效果，所以应尽量选择相同品牌和型号的产品，这样可以最大限度地避免内存条不兼容的现象。

11.3.4　显卡与显示器常见故障

显卡是计算机最基本组成部分之一，其用途是将计算机系统所需要的显示信息进行转换，并向显示器提供行扫描信号，控制显示器正确显示。显卡是连接显示器和计算机主板的重要元件，是"人机对话"的重要设备之一。

显卡与显示器使用较多，出问题也就较多，本小节就来介绍显卡与显示器常见的故障及其解决办法。

1. 显卡常见故障的处理

显卡常见故障主要有以下几种，我们分别来看一下具体是由什么原因导致的。

➤ 未正常安装显卡驱动

故障分析：打开设备管理器，可以看到【显示卡】下面的【视频控制器】选项前面有个 🔲 警告标志，提示显卡驱动程序没有安装好，如图11-94 所示。

图 11-94 未安装好显卡驱动

处理方法：使用驱动精灵软件，安装显卡的驱动程序，具体步骤如下。

Step 1 打开驱动精灵 2012，界面如图11-95 所示，在【驱动程序】界面中下载并安装显卡驱动程序。

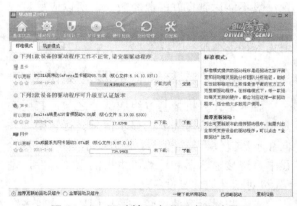

图 11-95 驱动精灵安装显卡驱动界面

Step 2 弹出程序安装界面，如图 11-96 所示，选择【I accept the terms in the license agreement】选项并单击 Next> 按钮。

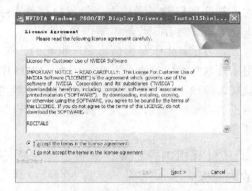

图 11-96 同意显卡驱动程序许可条款

Step 3 设置显卡驱动程序的安装目录，这里安装在默认路径即可，单击 Next> 按钮，如图11-97 所示。

图 11-97 设置驱动安装目录

Step 4 单击 下一步(N) 按钮，如图 11-98所示。

图 11-98 安装显卡驱动

Step 5　程序正在安装过程中，如图 11-99 所示。

图 11-99　正在安装显卡驱动

Step 6　驱动程序安装成功后，会出现如图 11-100 所示界面，选择【是，立即重新启动计算机】选项，并单击 完成 按钮。

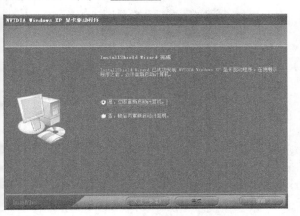

图 11-100　显卡驱动安装完毕

◆　计算机启动时黑屏

故障分析：启动计算机时，如果显示器出现黑屏现象，且机箱喇叭发出一长两短的报警声，则说明很可能是显卡引发的故障。

处理方法：由于造成这种故障的原因可能是多方面的，我们采取排除法来处理，具体操作步骤如下。

Step 1　排除显卡接触不良引发的故障：关闭电源，打开机箱，去除静电，将显卡拔出来，

然后用毛笔刷将显卡插槽上的灰尘清理掉，同时也将显卡风扇及散热片上的灰尘清理掉，如图 11-101 所示。

图 11-101　灰尘清理

Step 2　接着用橡皮将显卡的"金手指"擦拭干净，如图 11-102 所示。

图 11-102　擦拭金手指

Step 3　排除显卡的 PCB 变形的故障：如果主板的 AGP 插槽用料不是很好，则 AGP 槽和显卡 PCB 不能紧密接触，可以使用宽胶带将显卡挡板固定，如图 11-103 所示。

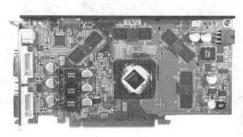

图 11-103　显卡 PCB 布局

Step 4　排除显卡金手指氧化问题：使用橡皮清除金手指锈渍后仍不能正常工作的话，可以使用除锈剂清洗金手指，然后在金手指上轻轻敷上一层焊锡，以增加金手指的厚度，但一定注意

不要让相邻的金手指之间短路，如图 11-104 所示。

图 11-104　焊锡

Step 5　排除显卡与主板兼容问题：建议将显卡拿到别的机器上试一试。

◆　显示器花屏的故障

故障分析：显示器花屏是一种比较常见的显示故障，大部分花屏的故障都是由显卡本身引起的。

处理方法：由于造成该种故障的原因可能是多方面的，我们采取排除法来处理，具体操作步骤如下。

Step 1　排除散热问题：开机显示花屏的话，首先应检查显卡是不是存在散热问题，用手触摸一下显存芯片的温度，再看看显卡的风扇是否停转，如图 11-105 所示。

图 11-105　显卡风扇

Step 2　排除灰尘、氧化问题：根据具体情况把灰尘清除掉，用橡皮擦把金手指的氧化部分擦亮。

2. CRT 显示器常见故障

随着使用时间增加，CRT 显示器的内部元件部分参数也会发生变化，导致显示器出现故障，而这些故障很多是可以通过调整显示器内部某些可调元件来解决的。不过由于显示器内有高压电源，出现比较严重的异常问题后应及时送专业维修点维修，而不要自己随意处理，以免出现火灾、人身伤害等危险。

◆　显示器出现偏色问题

故障分析：显示器出现偏色也是我们常遇到的问题，其产生的原因主要如下。

◆　显示器被磁性物品磁化。

◆　显示器内偏转线圈发生移位。

◆　消磁电路损坏。

◆　屏幕灰尘过多也会导致屏幕显示白色时偏红。

不同故障的具体处理方法如下。

Step 1　消磁法：通电后手握消磁器不断晃动，逐渐靠近荧光屏，对带磁部位可反复进行，然后边晃动消磁器边后退到离荧光屏 2 米左右再关掉电源。每次通电时间不宜过长，如果一次消磁效果不好可反复进行几次，但要注意安全，如图 11-106 所示。

图 11-106　手持式消磁器

Step 2　万用表测电阻值法：用万用表查其引脚电阻值，如果阻值小于 8Ω 或大于 50Ω，则说明消磁电阻内 RTC 元件已坏，只能换新。如消磁电阻阻值正常的话，则应重点检查消磁线圈的引线、插头、插座之间有无松动和接触不良的问题。

◆　无法调整刷新频率故障

故障分析：无法调整显示器刷新频率大多是因为没有选择正确的显示器类型或者显卡的驱动程序安装不正确所造成的。许多用户将显示器类型设为"SUPER VGA"之类，结果就会造成无法调整显卡的刷新频率的问题。

处理方法：此类问题的解决办法具体操作如下。

Step 1　对于系统不能识别的显示器，应一律按照最保守的默认状态进行设置（60Hz）。最好的解决方法就是在显示属性中选择正确的显示器类型。在桌面上右击，选择【属性】选项，如图 11-107 所示。

图 11-107　桌面属性

Step 2　弹出【显示 属性】对话框，如图 11-108 所示。

图 11-108　【显示属性】对话框

Step 3　选择【设置】选项卡，然后单击 高级(V) 按钮，弹出【即插即用监视器】对话框，如图 11-109 所示。

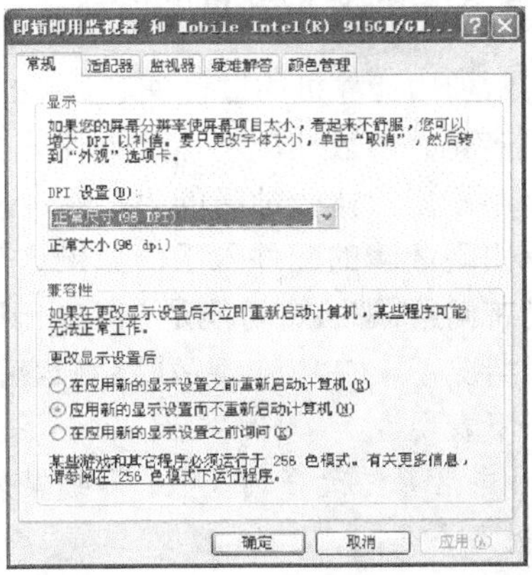

图 11-109　【即插即用监视器】对话框

Step 4　选择【监视器】选项卡，然后在【屏幕刷新频率】列表中将屏幕刷新频率设置为默认状态 "60 赫兹"，同时勾选【隐藏该监视器无法显示的模式】选项，否则会导致用户误选显示器不支持的刷新率，如图 11-110 所示。

图 11-110　设置屏幕刷新频率

Step 5　单击 确定 按钮关闭该对话框。

◆ 显示器屏幕抖动故障

故障分析：造成此类故障的原因有以下几个方面。

（1）劣质电源或电源设备已经老化。

（2）显示器刷新频率设置不正确。

（3）显卡接触不良。

（4）病毒作怪。

（5）电源滤波电容损坏。

（6）音箱与显示器放得太近。

（7）电源变压器离显示器和机箱太近。

处理方法：针对以上故障产生的原因，我们可以采取相应的措施来解决。其中导致此类故障的多数原因在之前内容中已作出详细的说明，这里不再赘述。

3. 液晶显示器常见故障

液晶显示器如图 11-111 所示，其常见故障主要有水波纹和花屏问题、显示器刷新率设定不当等。

图 11-111　常见液晶显示器

一是水波纹和花屏问题。

故障分析：仔细检查计算机周边是否存在电磁干扰源；液晶显示器的质量问题；显卡上没有数字接口，而通过内部的数字/模拟转换电路与显卡的 VGA 接口相连接。

处理方法：消除计算机周边的电磁干扰源，还不行的话建议尽快更换或送修。

二是显示器刷新率设定不当。

故障分析：液晶显示器的显示原理与 CRT 显示器完全不同，它把显卡输出的模拟显示信号通过处理，转换成标识具体地址信息（该像素在屏幕上的绝对地址）的显示信号，然后再送入液晶板，直接把显示信号加到相对应的像素上的驱动管上，跟内存的寻址和写入有些类似，所以液晶显示器的刷新率不能随意设定。

处理方法：根据自己的实际情况设置合适的刷新率，一般情况下还是设置为 60Hz 最好，调整刷新率的具体步骤如下。

Step 1　在计算机的桌面上右击，选择【属性】选项，如图 11-112 所示。

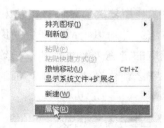

图 11-112　选择【属性】选项

Step 2　在出现的【显示属性】对话框中选择【设置】选项卡，并单击 高级(V) 按钮，如图 11-113 所示界面。

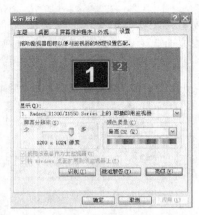

图 11-113　【显示属性】对话框

Step 3　在出现的【即插即用监视器属性面板】对话框中选择屏幕刷新率为【60 赫兹】，如图 11-114 所示，最后单击【确定】按钮。

图 11-114　设置刷新频率为【60 赫兹】

11.3.5　CPU 常见故障

在正常使用计算机的过程中遇到 CPU 故障的情况并不多见。一般情况下，如果计算机无法启动或是极不稳定，排查故障的思路是：从主板、内存等易出现故障的配件入手，如果这些易损坏的配件没有问题，那么有可能是 CPU 出现了故障。

一般情况下，CPU 出现故障后极容易判断，往往有以下表现。

◆　加电后系统无任何反应，即通常所说的主机点不亮。

◆　频繁死机，即使在 CMOS 或 DOS 下也会

出现死机的情况。

◆ 计算机不断重启。

◆ 计算机性能大幅度下降。

许多用户在确定自己的 CPU 出现故障后,认为只能更换新的了,其实不然,在 CPU 没有烧毁的情况下,我们还是可以通过自己的努力解决这类问题的。下面就向大家介绍 CPU 常见故障出现的原因及其解决方法。

1. 计算机频繁死机故障分析与解决

故障分析:首先采用替换法排除内存、显卡或是主板等配件的问题,确定故障点为 CPU。CPU 造成计算机死机的原因有以下几点。

◆ CPU 供电不足。

◆ CPU 散热不良。

◆ CPU 超频太高导致 CPU 电压在加压的时候不能控制。

处理方法:通过故障分析可以知道造成计算机经常死机的原因是由于 CPU 引起的,这种故障需要分类进行处理,针对不同情况采取不同的措施,具体如下。

Step 1 　检查 CPU 供电是否不足,仔细查看 CPU 电路主板的元件,如图 11-115 所示。

图 11-115　CPU 电路主板

Step 2 　检查机器的电源功率是否匹配,是否有过多的 USB 等外接设备。

Step 3 　CPU 散热不良:打开机箱,触摸 CPU 看其温度是否非常高,例如出现烫手的现象等。

Step 4 　CPU 超频太高,则采取散热措施让 CPU 能够更好地散热。

2. 主板不断重新启动故障分析与排除

故障分析:由于 CPU 产生的热量不能及时散去,进而导致因温度过高而出现频繁死机的现象。一般情况下,如果主机工作一段时间后出现频繁死机的现象,我们首先要检查 CPU 的散热情况。

处理方法:断定问题的根源与 CPU 散热有关,处理的步骤如下。

Step 1 　在开机的情况下查看散热器风扇的运转情况,一切正常,说明风扇没有问题。

Step 2 　检查 CPU 散热器是否安装正确。

Step 3 　在 BIOS 中检测 CPU 温度,如果上升过快,可能是 CPU 散热器出现了问题,也可能是安装不正确。

3. CPU 频率自动下降故障分析与排除

故障分析:这种故障常见于已设置 CPU 参数的主板上,这是由于主板上的电池电量供应不足,使得 CMOS 的设置参数不能长久有效地保存所致。另外,温度过高时也会造成 CPU 性能急剧下降。

处理方法:一般在故障出现的时候,针对不同的情况采取不同的处理措施,如下。

Step 1 　检查主板上的电池电量是否供应不足,如果是就将主板上的电池更换即可。

Step 2 　更换 CPU 的散热器。

11.3.6　声卡常见故障

随着主板集成度的逐步提高,集成声卡已经成为目前计算机的发展潮流,而且随着集成声卡芯片技术的提高,大有取代独立声卡的趋势。本节以集成声卡为例,来介绍常见的声卡故障及其解决办法。

1. 声卡无声

故障分析:如果声卡安装过程一切正常,设备能被正常识别,一般来说出现硬件故障的可能性就很小。我们先排查以下几项。

（1）与音箱或者耳机是否正确连接。

（2）音箱或者耳机是否性能完好。

（3）音频连接线有无损坏。

（4）Windows 音量控制中的各项声音通道是否被屏蔽，如图 11-116 所示。

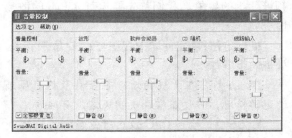

图 11-116　音量控制对话框

若以上都无异常，但仍然无声音，我们可以尝试更新声卡驱动程序，并且安装相应主板或声卡的最新补丁。具体步骤如下。

Step 1　右击桌面上的【我的电脑】图标，选择【设备管理器】选项，如图 11-117 所示。

图 11-117　打开设备管理器

Step 2　在打开的【设备管理器】窗口中双击 声音、视频和游戏控制器 选项，看其下面的各选项的前面有没有黄色的符号，如果有，说明缺少声卡驱动，如图 11-118 所示。

Step 3　如果没有，则说明该声卡驱动不能正常使用，右击声卡设备，选择【卸载】选项将其卸载，如图 11-119 所示。

Step 4　卸载完成后，安装驱动精灵，为计算机更新声卡驱动程序，如图 11-120 所示。

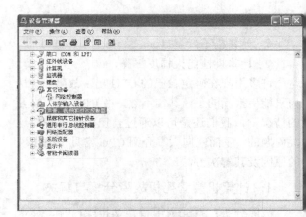

图 11-118　设备管理器窗口

图 11-119　卸载声卡驱动

图 11-120　安装声卡驱动

2. 安装新的 Direct X 后，声卡不发声

故障分析：此类故障是由于声卡的驱动程序和新版本的 Direct X 不兼容造成的。

处理方法：需要更换新的驱动程序或将新版

Direct X 卸载后重装旧版本的 Direct X 即可。

3. Direct X 诊断时显示不支持硬件缓冲，声卡不发声

故障分析：此类故障是由于软件缓冲区太小导致的。

处理方法：

Step 1 在【控制面板】中双击【声音和音频设备】选项打开【声音和音频设备属性】对话框，选择【硬件】选项卡，然后在【设备】列表中选择【媒体控制设备】选项，如图 11-121 所示。

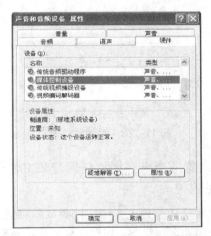

图 11-121 【声音和音频设备属性】对话框

Step 2 单击 属性(E) 按钮，打开【媒体控制设备属性】对话框，选择【属性】选项卡，如图 11-122 所示。

图 11-122 【媒体控制设备 属性】对话框

Step 3 单击 属性(E) 按钮打开【CD Audio 属性】对话框，如图 11-123 所示。

图 11-123 【CD Audio 属性】对话框

Step 4 单击 设置(S)... 按钮进入【CD 音乐属性】对话框，如图 11-124 所示。

图 11-124 【CD 音乐属性】对话框

Step 5 单击 属性(P) 按钮打开如图 11-125 所示的对话框，选择【属性】选项卡，然后将音量调到最高即可。

图 11-125 设置音量

4. 超频之后声卡不能正常使用

故障分析：此类故障是由于用户超频，导致集成声卡在非正常频率下工作，出现爆音、不发声等现象。

处理方法：如果一定要超频使用，尽量控制在标准频率下，这样集成声卡也能工作在正常频率下，一般也能保证正常的使用。

5. 声卡不能录音

故障分析：此类故障出现几率非常小，若在使用计算机过程中遇到此种情况，应采用下列方法加以解决。

处理方法：

Step 1 检查插孔是否为"麦克风输入"。

Step 2 双击 图标，在打开的【音量控制】对话框的【选择】菜单下选择【属性】选项，如图 11-126 所示。

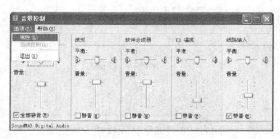

图 11-126　音量控制

Step 3 在打开的【属性】对话框中选择【录音】选项，然后在下方的列表中勾选【波形输出混音】和【线路输入】选项，如图 11-127 所示。

图 11-127　录音设置

Step 4 单击 确定 按钮关闭该对话框，然后打开【控制面板】对话框，双击【声音和音频设备】选项，在打开的【声音和音频设备 属性】对话框中选择【音频】选项卡，然后在【录音】选项下的【默认设备】列表中设置需要的录音通道，如图 11-128 所示，这样录音功能就恢复了。

图 11-128　录音默认设备

6. 集成声卡在播放任何音频文件时都类似快进效果

故障分析与处理方法：此类故障可能是由于设置不当和驱动错误。如果计算机正在超频使用，首先应该降低频率，然后关闭声卡的加速功能；如果这样还是不行，应该安装主板和声卡的最新的驱动程序补丁。

7. 多次更换声卡之后，重新使用集成声卡时，系统提示没有发现硬件驱动程序

故障分析：此类故障一般是由于在第一次装入驱动程序时没有正常完成而引起的；也可能是因为在 CONFIG.SYS、自动批处理文件 AUTOEXEC.BAT、DOSSTART.BAT 文件中已经运行了另外的声卡驱动程序。

处理方法：对此可以将文件中运行的某个驱动程序文件删除即可，当然，也可以将上面提到的 3 个文件删除来解决该故障。

如果在上面 3 个文件中没有任何内容，而驱动程序又无法安装，此时需要修改注册表，执行

【开始】/【运行】命令，在打开的【运行】对话框中输入"regedit"按 Enter 键，在打开的窗口中将与声卡相关的注册表项删除，如图 11-129 所示。

图 11-129 注册表编辑器

8. 音量图标没有了

故障分析：计算机屏幕右下角调节音量大小的 图标没有了，如图 11-130 所示，不能调整音量的大小。

图 11-130 调节音量图标没有了

处理方法：通过控制面板找出 图标，具体步骤如下。

Step 1 打开计算机的【控制面板】窗口，双击【声音和音频设备】图标，如图 11-131 所示。

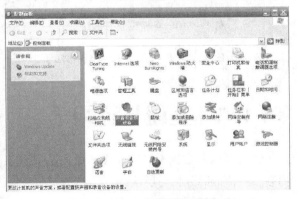

图 11-131 打开控制面板

Step 2 在出现的【声音和音频设备】对话框中选择【音量】选项卡，如图 11-132 所示。

图 11-132 选择【音量】选项卡

Step 3 勾选【将音量图标放入任务栏】选项，如图 11-133 所示。

图 11-133 设置【将音量图标放入任务栏】

Step 4 单击 确定 按钮，这时在屏幕的右下角会出现 图标，如图 11-134 所示。

图 11-134 出现音量图标

11.3.7 光驱常见故障

光驱是计算机硬件中使用频率较高且寿命较

短的配件之一。其实，很多貌似报废的光驱只要略微维修一下仍有很大的利用价值。下面就来学习常见的光驱故障，以及排除故障的技巧与方法。

1. 光驱使用时出现读写错误或无盘提示

故障分析：此类故障多数是由于换盘时，光驱尚未就位就对光驱进行操作所引起的。

处理方法：对光驱的所有的操作都必须要等光盘指示灯显示为就位状态时才可进行操作，如图 11-135 所示，在播放影碟时也应在播放停止时换盘，这样就可以避免出现上述错误。

图 11-135　光驱指示灯

2. 开机检测不到光驱或者检测失败

故障分析：此类故障是由于光驱数据线接头松动、硬盘数据线损坏或光驱跳线设置错误导致的。

处理方法：首先应检查光驱的数据线接头是否松动，如图 11-136 所示，如果松动的话重新插一遍数据线。

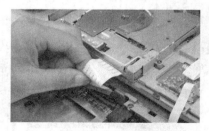

图 11-136　检查光驱的数据线

如果不是数据线的原因，就是光驱的跳线设置不正确，设置光驱跳线的具体操作过程如下。

Step 1　发现跳线帽在第一对跳线位置上，如图 11-137 所示。

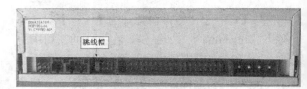

图 11-137　光驱的跳线

Step 2　用镊子轻轻取出跳线帽，如图 11-138 所示。

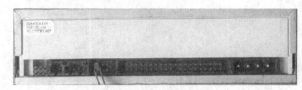

图 11-138　取出跳线帽

Step 3　将取出的跳线帽用镊子放入第二对跳线位置上，如图 11-139 所示。

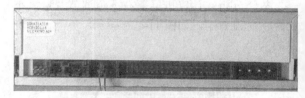

图 11-139　把跳线帽放置到跳线上

Step 4　设置好的跳线如图 11-140 所示。

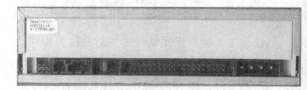

图 11-140　重新设置好的跳线

Step 5　这样开机就会检测到光驱了。

▌11.4▐ 上机与练习

（1）开机后主板不启动，显示器无显示，有内存报警声故障分析与解决。

（2）计算机频繁死机故障分析与解决。

附录 练习题参考答案

第 1 章 计算机组装基础知识

1. 单项选择题

题号	1	2	3	4	5	6
答案	A	A	A	A	A	A

2. 多项选择题

题号	1	2	3	4	5	6
答案	ABCD	AB	ABCD	ABC	ABCD	ABC

第 2 章 计算机硬件性能详解与选购

1. 单项选择题

题号	1	2	3	4	5	6	7	8	9	10
答案	A	A	B	B	A	A	B	A	A	A

2. 多项选择题

题号	1	2	3	4	5	6
答案	AB	ABCD	ABC	ABCD	ABCD	ABCD

第 3 章 计算机外部设备详解与选购

1. 单项选择题

题号	1	2	3	4	5	6	7	8	9
答案	A	A	C	A	A	A	A	A	A

2. 多项选择题

题号	1	2	3	4	5	6
答案	AB	ABCD	ABC	ABCD	ABC	ABC

第 4 章　计算机组装图解

1. 单项选择题

题号	1	2
答案	A	A

2. 多项选择题

题号	1	2	3	4	5	6
答案	ABCD	ABCD	ABCD	ABCD	ABC	ABC

第 5 章　BIOS 和 CMOS 设置

1. 单项选择题

题号	1	2	3	4	5	6	7	8
答案	A	A	D	A	A	A	B	C

2. 多项选择题

题号	1	2	3	4	5	6
答案	ABC	ABC	AB	ABCD	ABCD	ABCD

第 6 章　硬盘的分区与格式化

1. 单项选择题

题号	1	2	3	4	5	6	7	8	9
答案	A	A	B	C	D	A	A	D	A

2. 多项选择题

题号	1	2	3	4	5
答案	ABCD	ABC	ABCD	ABCD	ABCD

第 9 章　组建网络与网络应用

1. 单项选择题

题号	1	2	3	4	5	6	7	8
答案	A	D	C	A	B	C	A	B